UX Design Books

デジタルプロダクト開発のための

ユーザビリティテスト 実践ガイドブック

大本 あかね 著
菊池 聡、UX DAYS TOKYO 監修

◉ **サポートサイトについて**

本書の参照情報、訂正情報などを提供しています。

https://book.mynavi.jp/supportsite/detail/9784839983567.html

- 本書は2023年7月段階での情報に基づいて執筆されています。本書に登場するURL、Web サイト、ソフトウェア、製品のスペックなどの情報は、すべてその原稿執筆時点でのものです。これ以降の仕様や状況等の変更によっては、技術情報、固有名詞、URL、Webサイト、参考書籍などの記載内容が事実と異なっている場合がありますので、ご了承ください。
- 本書では解説を行うにあたり、実在のWebサイトを適宜参照、引用させていただいています。これらはあくまでデザインの解説用に参照しているものです。
- 本書に記載された内容は、情報の提供のみを目的としております。したがって、本書を用いての運用はすべてお客様自身の責任と判断において行ってください。
- 本書の制作にあたっては正確な記述につとめましたが、著者や出版社のいずれも、本書の内容に関してなんらかの保証をするものではなく、内容に関するいかなる運用結果についてもいっさいの責任を負いません。あらかじめご了承ください。
- 本書中に掲載している画面イメージなどは、特定の設定に基づいた環境にて再現される一例です。ハードウェアやソフトウェアの環境によっては、必ずしも本書通りの画面にならないことがあります。あらかじめご了承ください。
- 本書中に登場する会社名および商品名は、該当する各社の商標または登録商標です。本書では®および™マークは省略させていただいております。

はじめに

ユーザビリティテストは、ビジネスにおいて非常に重要です。しかし、現場によってはユーザビリティテストが行われないことや、行われたとしても最後に取って付けたように実施されることがあるようです。最後に実施することでプロダクトの穴が発見され、悲劇が起こることがあります。例えば、マラソンで靴が違反していることがゴール直前にわかるようなものです。選手としては、「最初にチェックしてよ」と思うでしょう。

WEBサイトやアプリは、ローンチ（公開）がゴールではありません。むしろスタートです。しかし、ローンチしてから使われないシステムだと判明したり、使いにくいためアクティブユーザーが増えなかったり、CV（conversion：成果）も上がらないことがあります。

このようなWEBサイトやアプリは、広告を打ってもユーザビリティが悪いため、離脱が増え、無駄なコストを払うことになってしまいます。これは、ザルに穴が空いている状態で、費用対効果は悪くなります。

ユーザビリティテストでできることは限られていますが、その価値は計り知れません。テストしないプログラムがないように、テストをしないデザインはこの世にあってはいけません。ユーザビリティテストは「使い勝手が良い」ことを意味しますが、その評価方法は抽象的で、人によっても意見が異なり、判断がつきにくい部分でもあります。

この曖昧な部分について、理論的で客観的な判断ができるプロフェッショナルな人材を、どの企業でも求めています。このような人材は改善案を提供することができ、プロダクトの成長を見込むことができます。

ユーザビリティテストを実施することによって、直接的に給与が上がるわけではありませんし、評価されるわけでもありません。しかしながら、ユーザビリティテストは、プロダクトの成長につながるため、プロダクトを改善するための重要なステップです。

ユーザビリティが良いから必ずプロダクトが成功するというわけではありません。しかし、ユーザビリティテストは、プロダクトとユーザーの間のギャップを縮めることができます。プロダクトの成功に向けて必要不可欠なスキルとして、ユーザビリティテストについて学んでいきましょう。

著者：UX DAYS TOKYO オーガナイザー　大本あかね
監修：UX DAYS TOKYO オーガナイザー　菊池　聡

About

本書で紹介しているサイトについて

本書を手に取っていただき、ありがとうございます。おそらく、使いやすいデザインやサービスを設計するために、この本を選んでいただいたのだと思います。

その理由として、わかりにくいデザインに遭遇することもあるからだと考えられます。この本では、実際のサービス（プロダクト）を元にして、名前を伏せてサンプル（サイト）を作成しています。

その目的は、読者の皆さんによりリアルな体験をしていただくことです。実在しないサンプルは、あくまでサンプルであり、実際の体験と同じ感覚を得ることはできません。

ただし、このサンプル（サイト）の批評をする意図ではありません。むしろ、どのデザインにも共通している可能性がある問題について、学んでいただきたいと考えています。

忠実に再現していますので、どのサイトかがわかってしまうこともありますが、重要なのはそのサイトがどこであるかよりも、自分たちのプロダクトやサービスのデザインに同じ問題が存在していないかを確認することです。

そして、この書籍はユーザビリティテストを実施するためのものです。ぜひ、実際の現場でユーザビリティテストを実施していただきたいと強く願っています。

Contents

Profile

著者プロフィール

大本 あかね（おおもと　あかね）

UX・UI・サービスデザインコンサルタント

ウェブの黎明期から教育ビジネスを立ち上げ、大手デジタルプロダクトに数多く参画する。
著書には『ノンデザイナーでもわかる　UX＋理論で作るWebデザイン』『マーケティング/検索エンジンに強くなる　Google Search Consoleの教科書』（いずれもマイナビ出版）などがある。

監修者プロフィール

菊池 聡（きくち　さとし）

日本初のニールセン・ノーマングループ UXCM インタラクションデザインスペシャリストの資格取得者。UX DAYS TOKYO主催、Web Directions East合同会社 代表。IXDF.orgなどインターナショナルな団体の会員であり、Scrum.orgのメンバーで日本企業への開発支援、コンサルを行っている。
著書には『レスポンシブWebデザイン マルチデバイス時代のコンセプトとテクニック』（KADOKAWA）などがある。

UX DAYS TOKYO（ユーエックスデイズ トーキョー）

2015年から開催されているUXのカンファレンス＆ワークショップ。
UXの知識は欧米から多くを学びますが、日本導入までにタイムラグが発生したり、UXの捉え方が本質と異なってしまうことがあります。そんな残念な思考にならないために、本質を捉えられる情報をカンファレンスおよびワークショップという形で提供。また、海外の有益なUX関連の書籍や情報リソースも翻訳し、日本に紹介しています。
https://uxdaystokyo.com/

Chapter

1

ユーザビリティテストを実施するための価値の理解

本章では、ユーザビリティテストにはどのような価値があるのか、実施することによってどのような問題が発見できるのか、ユーザビリティテストにはどのような種類があるのかについて学びます。
また、実施するために必要な予算、ROI（費用対効果）の算出方法についても説明します。

1-1 ユーザビリティテスト実施の現状

2022年7月25日に開催されたCREATORs meetup主催のイベントで「ユーザビリティテストの現状と必然性」をテーマに、生谷侑太郎氏と北村竜也氏と共に登壇させていただきました。

参加者50名弱に事前アンケートをさせていただいたのですが、多くのプロダクトで、ユーザビリティテストができていない結果が浮き彫りになりました。

- **「ユーザビリティテストは行ったことがない・ほとんど行わない」48.8%**
- **「たまに行う」48.8%**
- **「毎回やる」1名だけ　2.3%**

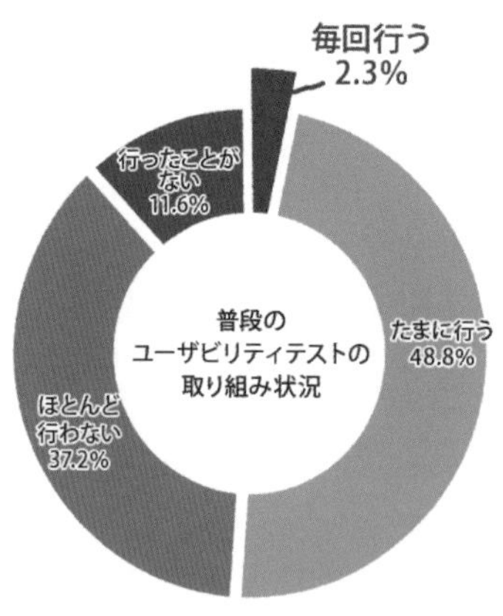

図1-1-1　普段のユーザビリティテストの取り組み状況

ユーザビリティテストを行っていない理由の「阻害要因」（図1-1-2）を深く見ていくと、ユーザビリティテストの価値が理解できていないことが伺えます。

「重要性不明」は文字通り価値を理解してません。「手順不明」は「手順を調べようともしていない」という意味が含まれています。つまり、ユーザビリティテストの価値を理解していないため、実施することを考えていないとも解釈できます。また、納期に間に合わせたいという理由や予算不足も、ユーザビリティテストの価値を理解していないためだと言えます。

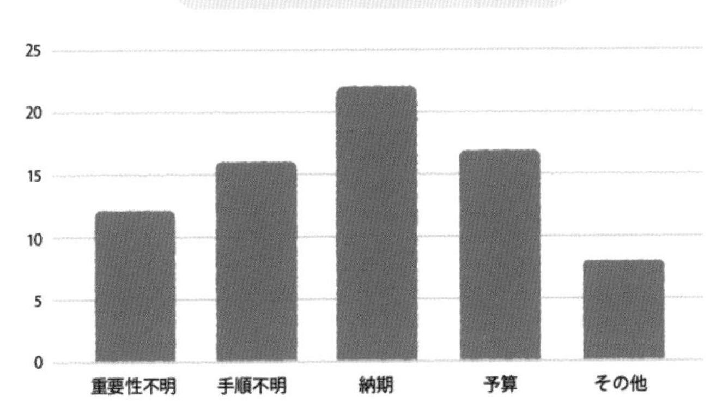

図1-1-2　ユーザビリティテストの阻害要因

ちなみに、機能の開発やリリースに過度に集中しすぎることで、ユーザーの本当の課題やプロダクトの本当の価値が見えなくなることを「ビルドトラップ」※と言います。特に納期が先行する組織では、このような罠に陥りやすいとされています。

＊提唱者：メリッサ・ペリ氏（出典：『プロダクトマネジメント―ビルドトラップを避け顧客に価値を届ける』、メリッサ・ペリ著、吉羽 龍太郎 訳、オライリージャパン刊、2020/10）

1-2 ユーザビリティテストの価値を理解

ユーザビリティテストの誤認

国際規格 ISO 9241-11においてユーザビリティは、「特定の利用状況において、特定の利用者によって、ある製品が、指定された目標を達成するために用いられる際の、有効さ、効率、利用者の満足度の度合い」と定義されています。

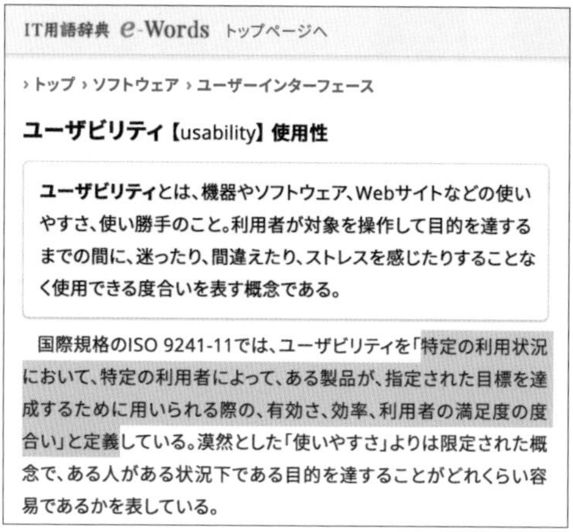

IT用語辞典 e-Words トップページへ

› トップ › ソフトウェア › ユーザーインターフェース

ユーザビリティ【usability】使用性

ユーザビリティとは、機器やソフトウェア、Webサイトなどの使いやすさ、使い勝手のこと。利用者が対象を操作して目的を達するまでの間に、迷ったり、間違えたり、ストレスを感じたりすることなく使用できる度合いを表す概念である。

国際規格のISO 9241-11では、ユーザビリティを「特定の利用状況において、特定の利用者によって、ある製品が、指定された目標を達成するために用いられる際の、有効さ、効率、利用者の満足度の度合い」と定義している。漠然とした「使いやすさ」よりは限定された概念で、ある人がある状況下である目的を達することがどれくらい容易であるかを表している。

図1-2-1
「ユーザビリティ」の意味
（出典：IT用語辞典 https://bit.ly/3LYds4p）

定義の解釈から、**特定のユーザーでのユーザビリティテストを実施しなければならない**と勘違いしている方もいますが、必ずしも対象ユーザーでなければユーザビリティテストができないということではありません。

一般的な考え（誤認）	正しい考え
国際規格のISO 9241-11から、**特定のユーザーでのテストでないと駄目**だ	テストの段階では、必ずしも特定の対象でなければならないわけではない
多くのコストが必要だ	廊下テストやゲリラテストなど、コストがかからないテストも存在する

表1-2-1

ユーザビリティの定義

ユーザーインターフェイス（UI）のユーザビリティは、5つの特性から確認することができます。

1. 学習しやすいか：直感的に操作できるか
2. 効率的か：繰り返し作業など、操作手順が多くないか
3. 記憶しやすいか：単純に操作しやすいか
4. エラーが発生しやすいか：発生率を下げ、エラーの場合にどう行動すべきかわかるか
5. 主観的な満足度はいかに：楽しく操作でき、好きかどうか

例えば、テキスト中にリンクがあるとします。ただし、リンクのデザインが通常のテキストと同じであれば、ユーザーはリンクだと気づかないことがあります。

さらに、同じリンク先に行くにも、ページによってリンクデザインが異なったり、ステップ数が異なったりすると、ユーザーは毎回操作方法を学習する必要があります。操作に手間取ると不便で、ヒューマンエラーが増えてやる気を失うこともあります。

そのため、わかりやすく、覚えやすく、操作しやすいという点から、ユーザビリティは一言で「使い勝手」と表現されることがあります。

たった2回で半分の問題が発見できる

ユーザビリティテストの価値を理解せず、実施していない方が多いのは、非常にもったいないことです。なぜなら、たった2回のテストでシステムのバグや欠点の半分を発見することができるからです。

テスト内容によって発見できる問題は異なるため、4回やれば完全に解決するという単純なものではありませんが、ユーザビリティテストは非常に効果的です。実際に1回のテストで発見できる問題を次にまとめます。

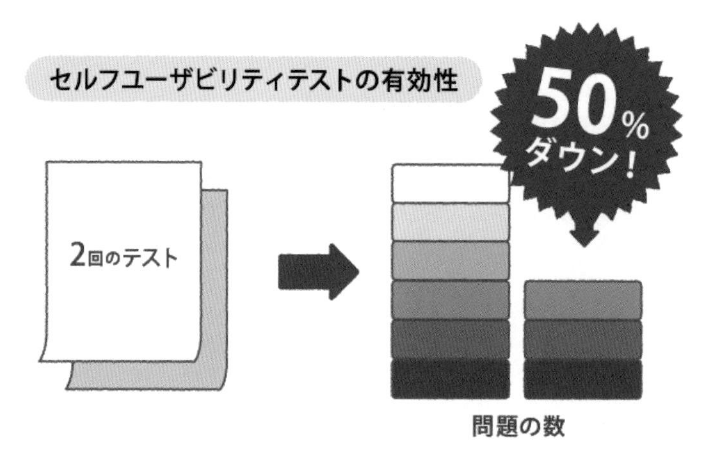

図1-2-2　ユーザビリティテストの有効性

実施1回で発見できる問題

①ユーザーの期待値と表示結果の齟齬

現在は改修されていますが、あるホテルの予約システムが、欠陥があった状態で公開されていました。欠陥の内容は、宿泊希望の日付を選択しているのに、日付未定にもチェックが入ったままだったため、日程未定の結果が表示されるというものでした。

ユーザーが日付未定のチェックを外さなければならないUIだったのですが、それに気が付かないユーザーは、選択した日付の結果が表示されていると期待しています。しかし、表示結果は日付未定の情報です。

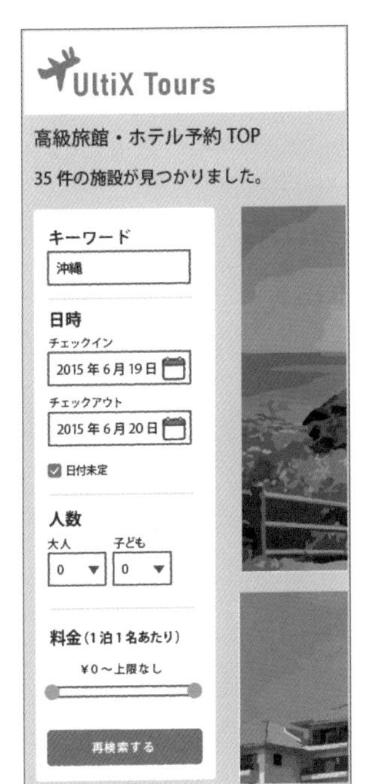

図1-2-3　検索条件の日付を入れても、日付未定で検索結果が表示されてしまう

条件と違う情報が表示されることに、すぐに気が付けばまだ良いですが、同じ操作を繰り返すユーザーもいるでしょう。何度も同じ操作を繰り返して、気がつくまでに時間がかかる場合もあります。このような経験は、ユーザーのストレスを増加させるだけでなく、サイトの信頼性にも影響を与えます。

ユーザビリティテストを実施すれば、制作者がユーザーに対して想定している行動と違う反応を示すため、1回のテストでこの問題を発見することができたでしょう。

②何をやっても画面が切り替わらないバグのチェック

全角数字で入力してしまったユーザーへのエラーのメッセージで「OK」を押しても、画面が切りかわらないバグが発生した例です。

このサイトは、UAT（User Acceptance Test：ユーザ・アクセプタンス・テスト）も行っていないと推測されますが、ユーザビリティテストを行うと、このようなバグをチェックすることもできます。

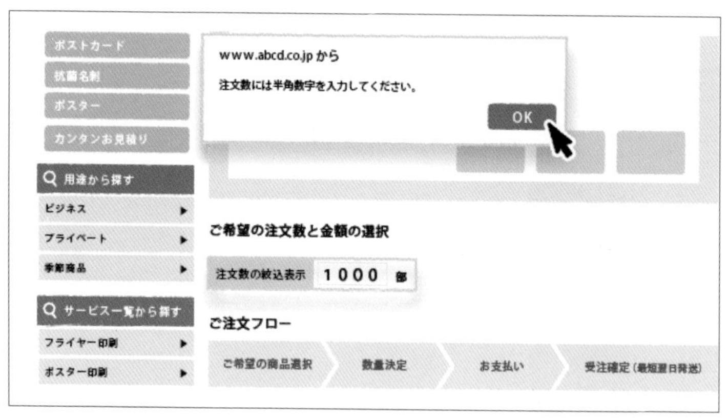

図1-2-4　「OK」を押しても、画面が切りかわらない

③コンテンツが見えないデザイン上のエラー

エンジニア向けのイベントサイトで、申し込みボタンをhoverすると（マウスを重ねると）、ボタンが白くなり、文字が見えなくなります。操作上の問題はありませんが、ユーザーは一瞬何が起きたかわからなくなってしまいます。

動作さえすれば問題ないわけではなく、ユーザーが戸惑わないデザインの実装も必要です。制作チームだけでは、それらの判断ができない場合があるので、ユーザビリティテストでユーザーが戸惑うかどうかを検証しましょう。

図1-2-5　始めはお申し込みのテキストが表示されていたが、
hoverすると背景が白くなり文字が見えなくなる

④エラー箇所表示の欠陥

図1-2-6では、「該当の郵便番号と住所が一致しません」というエラーメッセージが表示されますが、このエラーは、入力した郵便番号と都道府県名が一致していないことを知らせるためのものです。ですので両方の入力欄にフォーカスして表示させる必要があります。

現在の設計では、郵便番号欄にフォーカスが当たっているため、ユーザーは郵便番号自体に問題があると誤解する可能性があります。特に、自動入力機能を使用している場合には、この問題が発生しやすくなります。ユーザビリティテストを実施して、ユーザーが問題を正しく特定できるかどうかを確認することをお勧めします。

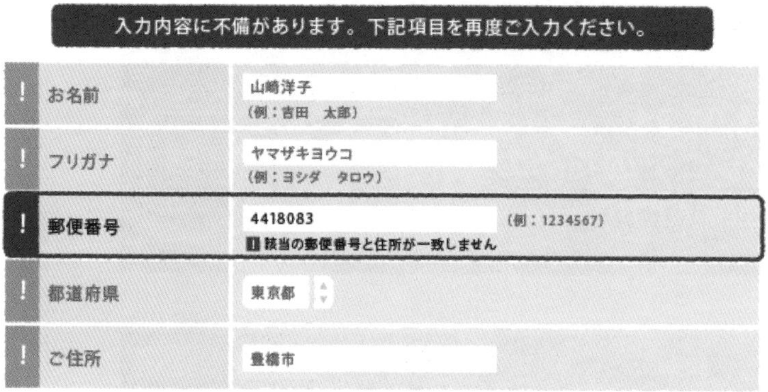

図1-2-6　エラー箇所とフォーカスが一致していない

⑤実機・多デバイスでのテストの重要性

WiFiスポットサービスに接続するための画面で、レスポンシブウェブデザインの実装に問題があり、デバイスサイズによってハンバーガーメニューの位置が下に落ちて表示されるバグが生じました。ハンバーガーメニューが表示されないことにより、ヘッダーの領域が想定外の高さになり、下部にあるレイヤーコンテンツの「インターネットに接続」リンクが押せなくなってしまいます。

図1-2-7　ヘッダーの高さが広くなったことで下のコンテンツにある「インターネットに接続」のリンクが押せなくなってしまった

⑥実際のユーザーでのテスト

ある衣料品メーカーのサイトで、よく買い物をする人によるユーザビリティテストを実施しました。コート一覧から詳細ページに来た後、前のページに戻りたいと思ったとき、詳細ページが新しいタブで開かれていたため、戻ることができないという問題が発生しました。

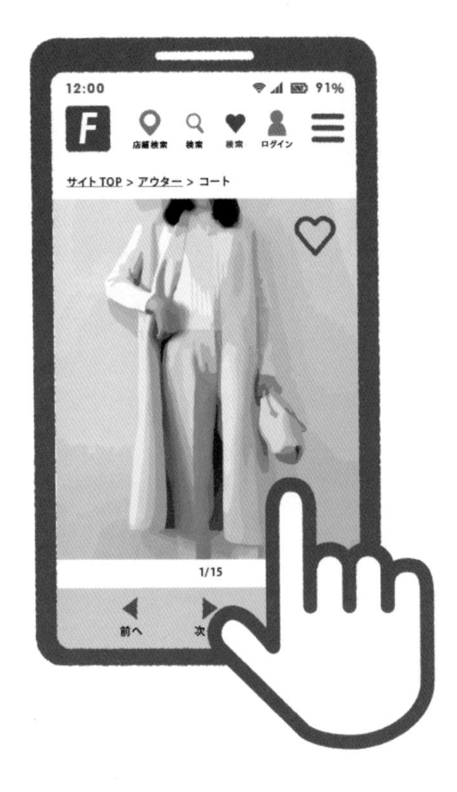

図1-2-8　新しいタブで開かれた画面で、「前へ」を押しても前のページに戻れない

このユーザーは、グレーアウトされた機能でも、＜前へ＞＜次へ＞ボタンが押せるという認識を持っています。そのため、何度もクリックしているのに反応がないため、ユーザーは戸惑いや苛立ちを感じることがあります。ユーザーによってメンタルモデルが異なるため、実際のユーザーを対象としたテストも実施し、ユーザビリティに配慮した実装を行うことが必要です。

実施すれば問題は発見できる

6つの欠陥について、参考になりましたでしょうか？

公開されているサービスやシステムでも、このような欠陥があることを理解していただけたかと思います。

人が作るものには多少なりともミスやエラーがあることは避けられないものですが、テストを実施して問題を検出し、修正することはプロとして必要なスキルや責任です。ユーザビリティテストを実施してデザインのバグや改善を進めましょう。

Column　定量データを混同させない

「2回のユーザビリティテストで50%の問題が発見できる」という言葉から、数を多く行えば、多くの問題を解決できると解釈したり、「ユーザビリティテストで1名しか、その問題に気がつかなかったので問題ない」と定量データとして捉えてしまう方が中にいますが、その解釈は間違っています。2回で50%の問題が発見できるというのは、ユーザビリテストの有効性を示しているだけで、必ずしも2回で50%の問題を発見できるものではないことを理解しておきましょう。

1-3 ユーザビリティテストの種類

ユーザビリティテストは、ユーザビリティの5つの特性である「学習しやすいか」「効率的か」「記憶しやすいか」「エラーが発生しやすいか」「主観的な満足度は高いか」を評価し、総合的に「使い勝手が良いかどうか」を判断するものです。

また、専門家がUIを評価する「ヒューリスティック評価」(p.020参照)も、ユーザビリティ検証の方法の一つです。さらに、一人で行う「セルフユーザビリティテスト」は、一連の流れを確認するテストで、別名「ウォークスルー」とも呼ばれています。

しかし、一人で行うテストだけでは、様々なシーンや状況における使い勝手の問題や、異なるユーザー層のニーズを見落とす可能性があります。そのため、多くの人々を被験者として、多角的に検証を行うことが必要です。プロダクトの状況に合わせて、適切なユーザビリティテストを実施しましょう。

(セルフ)ユーザビリティテスト 別名：ウォークスルー

セルフユーザビリティテストは1人でもできる

ただし、ユーザビリティテストに慣れている人で、その開発、プロジェクトに携わっていない方に限る。

図1-3-1
セルフユーザビリティテスト

ユーザビリティテストの種類

名称	被験者	テスト環境
ヒューリスティック評価	専門家評価（テスト）	特に指定はない
ウォークスルー セルフユーザビリティテスト	一人で行うセルフユーザビリティテスト チームなどの内部で行うテスト	特に指定はない
ユーザビリティテスト	特定の被験者を集めて行うテスト	ラボ部屋
リモートユーザビリティテスト	チームなどの内部で行うテスト・特定の被験者を集めて行うテスト	オンライン

Column

ヤコブ・ニールセンの著書でのユーザビリティ評価手法

ヤコブ・ニールセンの著書『ユーザビリティエンジニアリング原論：ユーザーのためのインタフェースデザイン』※では、ユーザビリティの評価手法として、以下、9つの方法があると記載されています。

1. ヒューリスティック評価

2. パフォーマンス測定

3. 思考発話法（一般的なユーザビリティテストは、思考発話法に含まれます）

4. 観察

5. アンケート

6. インタビュー

7. フォーカス・グループ

8. システムのログデータ

9. ユーザーフィードバック

※ヤコブ ニールセン 著、篠原 稔和、三好 かおる 訳、東京電機大学出版局 刊、2002年

UATとユーザビリティテストの違い

ユーザビリティテストは、ビジネス要件やユーザー行動に合致しているかを検証するUAT（User Acceptance Test：ユーザ・アクセプタンス・テスト）と非常に似ていますが、UATは**システムが設計通りに動くか**に重点が置かれています。一方、ユーザビリティテストは、**ユーザーが使いやすいか**どうかに重点を置いています。

また、UATは納品前の最終段階で実施されるのに対して、ユーザビリティテストはできるだけ早い段階で実施することが望ましいです。例えば、宅配業者のサイトでは、UATではシステムの正常性や業務遂行性が検証されますが、ユーザビリティテストでは、ユーザーが簡単に荷物の追跡情報を入力できるかや、サイト内での案内がわかりやすいかどうかが検証されます。このように、UATとユーザビリティテストは異なる目的で実施されます。

ある宅配業者のサイトの例

UATとユーザビリティテストの違いを具体的な例で見てみましょう。図1-3-2から図1-3-4は、ある宅配業者のサイトの例です。東京から大阪への荷物の日数検索で1日と表示され、同様の発送地域・到着地域で30×27×50cm、20キロの荷物の料金検索でもちゃんと表示されていますね。システム上のミスは発見されなかったので、UATとしては問題はありません。

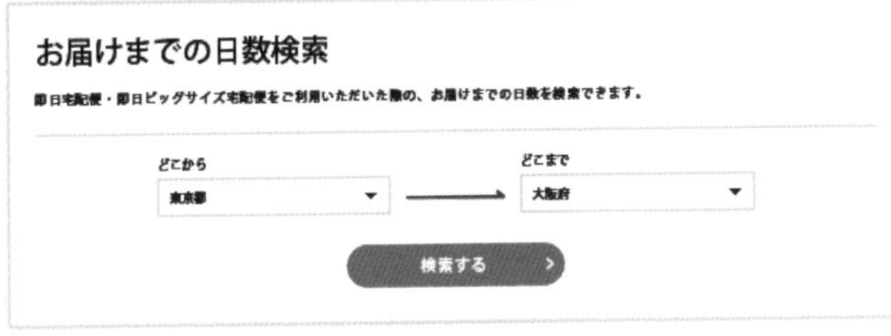

図1-3-2　日数検索時の入力画面

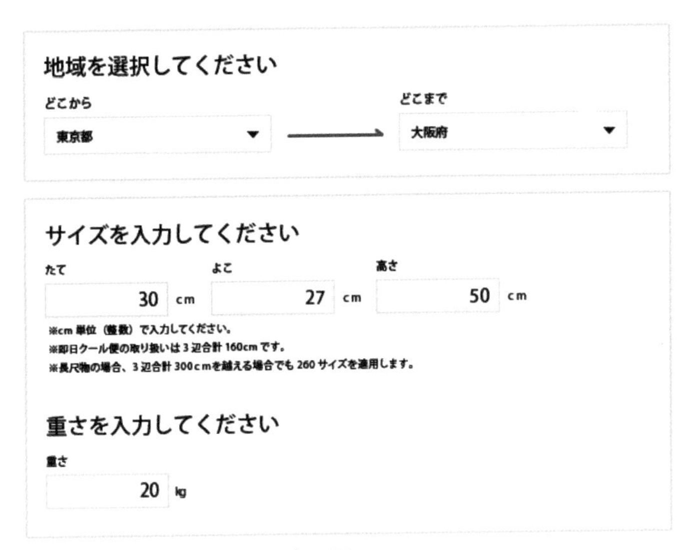

図1-3-3　料金検索時の入力画面

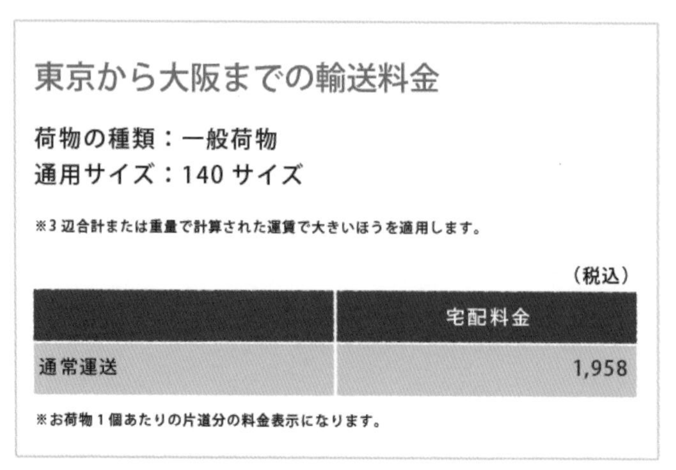

図1-3-4　料金検索時の結果画面

では、ユーザビリティテストを行うとどうでしょうか？

上記のサイトのユーザビリティテストを行ったユーザーに話を聞くと、「料金の検索をする際に、日数検索の時と同じ項目を再度入力するのは面倒だ」という声が上がりました。

同じ操作を要求することは、ユーザビリティ的には良くありません。特に、よく利用されるサイトである場合、同じことを何度も繰り返さなければならないため、ユーザーはストレスを感じるでしょう。

このように、ユーザビリティテストは、ユーザーが不便を感じる点を発見することができます。

ユーザビリティテストでわかること・できること

- UIの迷い方から新しいヒントを得る
- 開発前に過不足なデザインが明らかになる

Column **呼び名は厳格に！**

ユーザビリティテストは、ソフトウェアのデザインを検証するためのテストであり、被験者をテストするわけではありません。しかし、被験者は「操作ができないのは自分のリテラシが足りないのかもしれない」と感じてしまうことがあります。このような状況が生じる原因の一つには、テストの名称にあるようです。

「ユーザーテスト」という名称だと、被験者は自分自身がテストされる対象であるかのような気がしてしまいます。そこで、正式な名称としては「ユーザビリティテスト」を用いましょう。また、UXデザイナーの中には、被験者を「研究参加者」と呼ぶ人もいます。

日本では、「ユーザーテスト」という言葉が、ユーザーに関する調査（アンケート、インタビュー、フォーカス・グループ、ユーザーフィードバックなど）を指す場合がありますが、ユーザビリティテストとユーザーテストは異なるものであることを理解しておきましょう。

図1-3-5　「ユーザーテスト」と「ユーザビリティテスト」は違うもの

Column

ヒューリスティック評価

ヒューリスティック評価は、ユーザビリティの専門家が経験に基づいてUIを評価し、問題点を発見して改善策を提案する分析手法です。 Nielsen Norman Group（NN/g）では、UI設計の10の原則を紹介しており、それらを1つの視点としてチェックするだけでも改善ポイントが見つかる場合があります。

1. システムステータスの可視性
2. 現実世界とシステムの一致
3. ユーザーに操作の主導権があり自由がある
4. 一貫性を維持しつつ、標準にならっている
5. エラーの防止
6. 覚えていなくても見て分かるようにする
7. 柔軟性と効率性をもたせる
8. シンプルで美しいデザインにする
9. ユーザーがエラーを認識、診断、および回復できるようにする
10. ヘルプやマニュアルを用意する

UX DAYS TOKYOのブログでは、NN/gのヒューリスティックについて記載しています。
https://uxdaystokyo.com/articles/glossary/10-usability-heuristics-for-user-interface-design/

1-4 ユーザビリティテストの予算と費用の関係

チームでセルフユーザビリティテストを行わずに、いきなり被験者を募ったフォーマルなユーザビリティテストを行って、誰でも気づくような単純なミスに気づいた場合、結果としてそのミスの発見に高額な費用をかけてしまった、となることもあります。

一般的に、ユーザビリティテストは、実際のユーザーに近い被験者を募集して行うことが望ましいとされています。しかし、継続的にユーザビリティテストを行う場合は、予算を使い果たしてしまうことがあります。予算が無制限であっても、そのような費用の使い方は適切ではありません。

図1-4-1　単純なミスの発見にユーザビリティテストを使うのは適切ではない

また、過度に費用をかけることによって、その費用に見合った結果を得ようというバイアスが働く場合があります。

例えば、費用を多くかけたために、参考にならない被験者の発言でもすべてを真に受けてしまう場合があることにも注意が必要です。このように、埋没コスト（サンクコスト）に陥ることがないように、適切な予算設定と被験者の選定が必要です。

図1-4-2　費用をかけたことによって、参考にならないユーザーの声を取り入れてしまうのは適切ではない

被験者数は何名にすべき？

UX界隈では、「ユーザビリティテストを何人に対して実施するべきか？」という話題がよく取り上げられます。前述したように、2回のユーザビリティテストで問題の半分が発見されるとも言われています。また、NN/gのヤコブ・ニールセン氏は、5人の被験者でテストをすると、約80%のユーザビリティの問題が発見できるという研究結果を報告しています※。

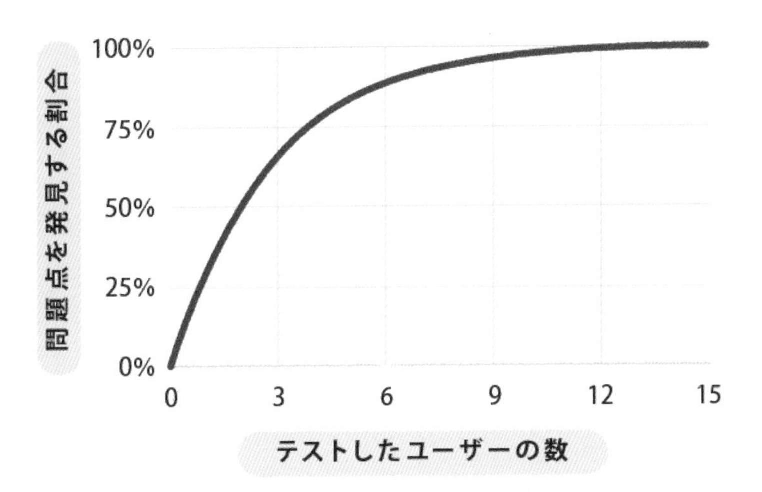

図1-4-3　被験者の数と、発見できる問題の数※

※出典：https://www-nngroup-com.translate.goog/articles/why-you-only-need-to-test-with-5-users/?_x_tr_sl=en&_x_tr_tl=ja&_x_tr_hl=ja&_x_tr_pto=wapp

5人の被験者でテストをすると、問題が発見される割合が高いという報告は、ユーザビリティテストの効果を数値化したものと思われます。しかし､5人という数字にとらわれすぎてはいけません。なぜなら、問題によっては1人の被験者で発見できる場合もあるからです。たとえ1人の被験者でも、致命的な問題が発見されれば、その問題をすぐに改善する必要があります。その後の被験者に同じテストを行う必要もありません。そして、筆者はユーザビリティテストを段階的に実施すべきだと考えています。

ここでお伝えしたいことは、被験者の数が多ければ多いほど、単純に問題が多く発見できるわけではないことです。被験者の数と問題の発見数の関係は、あくまでもおおよその目安に過ぎません。また、定量データと定性データを混同すると危険です。

まとめと予備知識

- 1名の被験者でわかる凡ミスもある
- 被験者の人数は参考までで、単純に何人やればOKというものではない
- 問題の質に合わせて被験者の数を決定する
- 目安として、同じ一連の行動（タスク）のテストを5名行い8割の問題を改善する

ABテストか？ユーザビリティテストか？

図1-4-4　カゴ落ちの原因を調べよう

データ分析において、どのプロダクトでも「離脱率の低下」を目指すことが一般的です。例えば、ECサイトでは、「どのページでカートから離脱するか？離脱率はどれくらいか？」などを計測しています。

以下のケースでは、どのように計測し改善するのでしょうか？ あるアプリで、ユーザーがログインしようとしているのに、1ページ目から2ページ目に移る際、25%が減少する（75%になる）データがありました。離脱の原因がわからない場合、どのようなテストを実施すればよいでしょうか？

この書籍を読んでいる方であれば、25%の低下の原因を知りたいため、定性調査を行うことが望ましいと思うでしょう。しかし、現場では、ABテストが主流となっています。

ABテストとは、いくつかのパターンを作成し、その差異を分析して判断する手法です。一見、客観的にユーザーの行動を分析しているため、信頼性が高いと考えられていますが、ABテストにはいくつかの問題が存在します。

まず、A（現状）とB（仮説）の差異が見られなかった場合、どのように判断すればよいのでしょうか？ この場合、無駄な時間やリソースを使うことになります。また、B案で減少率が25%から20%に改善された場合、これは成功だと言えますが、ユーザーがAかBかを選択することしかできないため、ABテストの評価には注意が必要です。

実際には、ABテストそのものが問題ではなく、ABテストで**検証する仮説**が充分な根拠に基づいていない場合が問題です。ABテストで検証する対象（仮説）を、リサーチやユーザビリティテストなどの定性調査に基づいて作成することが重要です。コンサルティング会社やマーケティング会社が提供するノウハウをそのまま使用する場合、ユーザーの細かい行動や反応を見逃してしまう可能性があります。

確かに、デザインや文言の微調整は非常に重要であり、ユーザー体験に大きな影響を与えることがあります。ABテストは有用な手段の1つですが、手間がかかり、正確な問題の発見には不向きな場合があります。それに加えて、ABテストだけで解決できない問題もあります。

ユーザビリティテストを行うことで、実際のユーザーがどのようにサイトを使用しているかを理解し、問題の原因を特定できます。それによって、問題を解決するための適切な方法を見つけることができます。

UXの道具を効果的に使用するためには、まずユーザーが何を必要としているかを理解し、それに基づいてデザインや文言を調整する必要があります。そして、それらの変更が実際のユーザーにどのように受け止められるかを確認するために、ユーザビリティテストを行うことが重要です。

ABテスト	ユーザビリティテスト
どちらか検討したい場合の定量調査	理由がわかる定性調査
多くの数で客観的データ	個人的意見が反映されたデータ
仮説のための多くのUI・デザインが必要になる	調査内容によってたくさんのシナリオが必要になることもある

表1-4-1　ABテストとユーザビリティテストの比較

ROIの算出方法とUI改善の予算

ROI（費用対効果）=
（改善できた金額 - UI改善にかかった費用）÷ UI改善にかかった費用

例えば、あるオンラインショップでカゴ落ち率が10%改善できた場合、その改善で得られた金額が100万円であり、UI改善にかかった費用が50万円だったとします。この場合、ROIは次のようになります。

ROI = (100万円 - 50万円) ÷ 50万円 = 1

ROIが1ということは、UI改善にかかった費用に対して、100%の効果が得られたということを示しています。

UI改善の予算は、改善の規模や難易度、時間、人的リソースなどによって異なります。一般的には、UI改善にかかる予算は、ROIがプラスになるように設定されることが望ましいです。また、予算には余裕を持たせることで、検証や改善のための追加的なコストもカバーすることができます。

ROIは、UI改善にかかった費用とその改善によって得られた利益との比率を表します。ただし、常にROIを計算することは現実的ではありません。UI改善に対する予算は、会社やプロジェクトによって異なりますが、一般的にはプロジェクト予算全体の10~15%程度を目安に考えることが多いです。これにより、ユーザビリティテストに基づいたUI改善を適切に実行するための予算を確保できます。

ユーザビリティテストのROI

マーケティング部では売上アップ、デザイン・システム部は、納期までに完成させることにフォーカスしがちなため、「やり方を知らない」「コスト（費用・リソース）が足りない」という理由で、ユーザビリティテストを行わないことがあります。

図1-4-5　部署によって目標が異なるため、
ユーザビリティテストが行われないことがある

しかし、UIを改善し離脱率を下げることで、その分のお金を算出することができます。改善後も効果が持続するため、期間の損失を軽減できます。正確な予算の算出は難しいですが、社内でもできるセルフユーザビリティテストは、コストが高いものになりません。

ユーザビリティテストを実施して改善できないサイトは、大きな欠陥がある状態です。欠陥のあるサイトでは、ユーザー（顧客）を獲得するために、欠陥の分だけ広告費や制作費の無駄が発生します。穴の空いたザルと同じで、ユーザーが離脱してしまいます。

部署間のサイロ化がユーザビリティテストを実施しづらい状況を生み出すことがあります。しかし、部署間のコミュニケーションや協力体制を強化することで、より効果的なUI改善につながることがあります。

また、ユーザビリティテストを実施する際には、ユーザーを募集するコストやテスト環境の用意など、費用・リソースに関する問題が発生することもあります。しかし、今日ではオンラインで実施できるユーザビリティテストのツールが多数存在し、比較的低コストで実施することが可能です。また、社内でのセルフユーザビリティテストなど、費用を抑えながらも有意義なテストが実施できる方法もあります。

プロダクトの成功には、顧客ニーズに基づいたUI改善が欠かせません。部署間のコラボレーションやコスト削減の工夫をしながら、ユーザビリティテストを実施し、より良いUIを実現することが重要です。

ユーザビリティテストの価値は分析と改善（視点と思考）で変わる

ユーザビリティテストやリサーチを実施すると、ユーザーの発話だけでなく、顔の表情や行動で感情を読み取る必要が出てきます。これらの感情に気付かずに見逃してしまえば、ユーザビリティテストの価値を十分に引き出すことができません。ユーザビリティテストの実施は比較的容易ですが、その分析や改善には深い専門知識が必要となります。

分析や改善には、特別な視点や思考が必要となります。分析の視点や改善の思考が重要です。これは、犯罪捜査官のようなものです。鋭い視点を持つことは容易ではありませんが、日々繰り返しテストを行い、経験を積むことで得ることができます。

図1-4-6
リサーチは敏腕刑事のような視点が大切

しかし、「え〜ぇ。長期間かかるのか」と落胆する必要はありません。先程も紹介したように、1回のユーザビリティテストで、大きな問題は誰でも見つけられます。

例えば、UX DAYS TOKYOで行っているユーザビリティテスト検定講座では、初めてユーザビリティテストを実施する方でも、同じような問題が発見されます。まずは、これらの大きな問題を改善するだけでも、ユーザビリティテストの価値は大いにあります。

最初は、実際に実施することから始めてみましょう。

ユーザビリティテストのポイント

- ユーザビリティテストを実施さえすれば大きな問題は誰でも知ることができる
- 細部に渡る問題は、実施者によって見逃される場合がある
- ユーザビリティテストは、改善されてこそ価値が上がる

Chapter

2

基本的な
ユーザビリティテスト
の実施方法と概要

本章では、ユーザビリティテストの基本的な実施方法を学びます。デザインが直感的で使いやすいかどうかを検証するために、ユーザー心理やバイアスについても理解を深めます。
さらに、品質基準についても学び、価値のあるプロダクトにするためのテスト方法を身につけましょう。

2-1 直感的に使えるUIを作るために脳の動きを知る

直感的・無意識と考える2つの脳のモード

ユーザビリティテストを実施する前に、脳のモードについて理解しましょう。なぜ脳を理解する必要があるのかというと、ユーザーが直感的に操作しやすいと感じるUIを脳が判断しているためです。

脳のモードについては、道を歩く例を使って説明します。同じ行為でも、毎日通勤や通学で歩く道は無意識に歩けますが、初めて通る道はどこで曲がるのか考えながら歩きます。

図2-1-1　同じ道でも、知っている道と知らない道の感覚は異なる

同じように、ウェブサイトやアプリも初めて使う場合は、初めて通る道の脳のモードと同じで、操作しながら認識しています。ウェブサイトやアプリによっては、ルールやデザインが異なるため、それらを認識しながら覚える必要があります。これを「**学習コスト（認知負荷）**」と呼びます。

全世界的に同じルールがある信号機の「赤＝止まる」のように、一般的に広く利用されているUIは学習コストが低くなります。また、1度認識して学んだ経験則は「メンタルモデル」と呼ばれ、次回以降の使用時にスムーズに操作できるようになります。

しかし、同じデザインでもルールが異なったり、統一性がなく覚えにくいUIはユーザーを混乱させます。品質基準を理解し、価値あるプロダクトにするためのテスト方法を学びましょう。

ユーザビリティテストのポイント

- 学習コストは少ない方が、ユーザーは考えずに操作できるため操作しやすい
- ページごとにデザインや利用している言葉（言葉の言い回し）が変わってしまったら、その都度、学習しなければならず、面倒くさいと感じてしまう

脳の二重過程理論（二重システム理論）

脳には、「システム1」と呼ばれる無意識で処理するモードと、「システム2」と呼ばれる、考えながら処理するモードがあり、これは「二重過程理論（二重システム理論）」と呼ばれています。

図2-1-2　無意識で処理するモード（システム1）と、
考えながら処理するモード（システム2）

脳は、受け取った情報をすべて同時に処理することはできません。なぜなら、あまりに多くの情報を処理すると、処理能力を超えてしまうからです。そこで、情報の取捨選択や、常に行っている行動は慣れることで無意識に処理できるようになっています。

一般的に難しい操作や行動は、「システム2」で行われますが、単純に分けるわけではありません。それは、その人にとって新しいことであるかどうかによって異なります。初めは「システム2」で考え、慣れてから「システム1」の無意識で行えるようになるという解釈が適切です。

考えることは疲れる＝離脱に繋がる

例えば、スノーボードを例にとると、初めてスノーボードをやる人は、「体重を前にかけて…」などと考えながら乗りますが、慣れている人は無意識に乗れるようになっています。

同じ人でも、上手く乗れない時と、上達して無意識で乗れるようになった時では、同じ距離を滑ったとしても疲れ方が異なります。初心者の場合、身体を意識的に動かしていて、脳ではシステム2が働いているため、より疲れやすいのです。

図2-1-3　同じスポーツでも上達してシステム1で乗れるようになると疲れ方が変わる

UIについても同様で、考えながら操作するとユーザーは疲れます。楽しい疲れであればまだ良いのですが、みなさんも経験があるように、分かりにくいUIは疲れるだけでなくイライラします。システムやアプリの操作は、当たり前のこととしてできるように設計し、考えさせずにスムーズに行動できるようにしましょう。

図2-1-4
考えさせずに使えるUIを目指そう

「考えさせないこと」の重要性が学べる世界的バイブル本

『Don't Make Me Think(私を考えさせないで)』という書籍は、スティーブ・クルーグ氏によるユーザビリティテストのバイブル的な本であり、そのタイトルの通り、ユーザーに考えさせないことが重要であることを強調しています。この本は2013年に出版されましたが、その内容は普遍的で、知っておくべき重要な内容です。

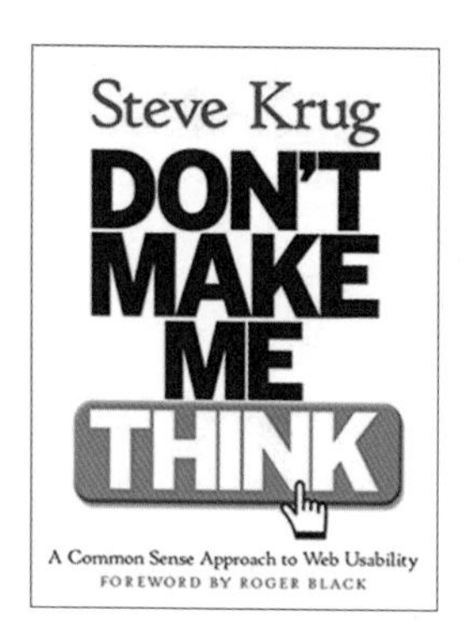

図2-1-5
「Don't Make Me Think」

本書では、実施方法が紹介されている『Don't Make Me Think』のユーザビリティテストを参考に、テスト方法を紹介しています。また、この本は非常に学びの多いものであるため、原本を読むことを強くおすすめします。ユーザーが直感的に操作できるように設計することを目指しましょう。

「Don't Make Me Think」の日本語訳は、ソフトバンククリエイティブから『ウェブユーザビリティの法則―ストレスを感じさせないナビゲーション作法とは』『ウェブユーザビリティの法則 改訂第2版』を含めた2冊、また、ビー・エヌ・エヌ新社から『超明快 Webユーザビリティ ―ユーザーに超明快 Webユーザビリティ ―ユーザーに「考えさせない」デザインの法則』というタイトルで出版されています。

ユーザーは見たいものしか見ない
～ユーザビリティテスト実施において知っておくべき事実～

先程紹介したスティーブ・クルーブ氏の書籍『Don't Make Me Think』では、ユーザーはページ内の文章をほとんど読まないことが指摘されています。

下の図は上記書籍の図を元に作成されたもので、制作者が想定したユーザーの見方と実際のユーザーの見方には大きな違いがあることを示しています。

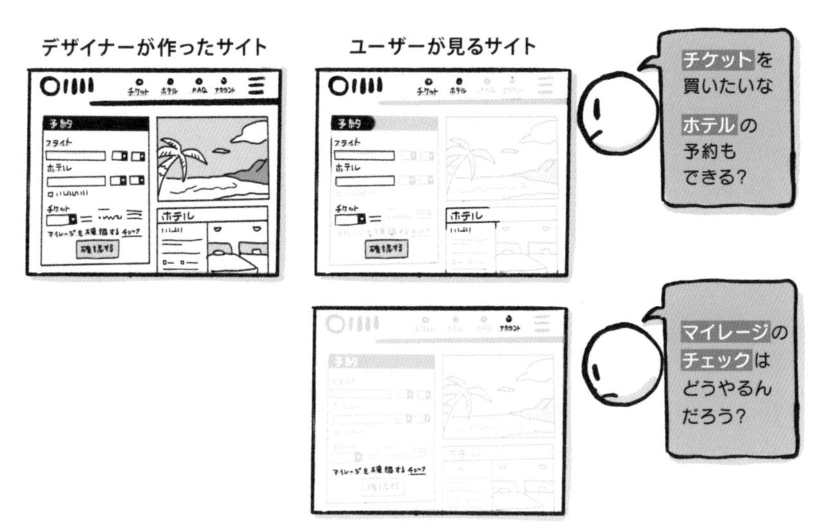

図2-1-6　制作者が想定したユーザーの見方と実際のユーザーの見方には大きな違いがある

例えば、「チケットを購入したい」と思った場合、ユーザーはページ内をじっくり読むことはせず、「チケットを購入する」という言葉しか見ていません。
また、「マイレージのマイルをチェックするにはどうしたらよいのか？」と思ってページを見ている時は、「マイレージ」という言葉しか目に入りません。

制作者側は、ユーザーはページの内容を丁寧に見てくれるだろうと思うかもしれませんが、実際にはユーザーは細かく見ていないことが多いため、非注意性盲目というバイアスが働くことがあります。
このような状況をユーザビリティテストで検証し、何が見えないのか、なぜ見えないのかを把握することで、UIの改善策を見出すことができます。

考えさせないUIか!?
「できるかテスト」「わかるかテスト」+「α」で検証する

ユーザビリティテストも、目的を持って検証しないと、「何を検証しているんだろう？」と、テストする意義がなくなってしまうことがあります。

ブレのないテストを行うためには、**目的を明確にして実施しましょう。**ただし、あまりに局所的な部分にフォーカスしすぎて全体が見えなくなってしまうこともあります。

そこで、どのプロダクトでも共通して使えるテスト方法があります。それが、『Don't Make Me Think』でスティーブ・クルーブ氏が言う「**わかるかテスト**」と「**できるかテスト**」です。

「わかるかテスト」は、“直感で何のサービスなのか、どう操作すれば良いか”がわかるかをテストします。

著者は、これに「ブランド破壊テスト」のメソッドを加えて、ウェブサイトのロゴを隠し、そのサイト・アプリの「わかるかテスト」をします。ブランドロゴ（会社名）から操作を推測させる方法もありますが、名前だけでわかるような有名企業ばかりではないため、テストする内容はUIやデザインで何を示しているかを直感的に理解できる必要があります。

「できるかテスト」は、“ユーザーがそのプロダクトを使って、解決するべき内容を実行できるか”をテストします。この時に重要になるのがタスク設計（シナリオ作成）です。これについては、Chapter3-4とChapter3-5で紹介します。

図2-1-7
テストは目的を明確にして実施しよう

2-2 ユーザビリティテストの実施

ユーザビリティテストは、被験者、モデレーター、記録者の3つの役割に分かれて実施されます。被験者は、与えられたタスクをテストする人であり、思考を言葉にして操作する「**思考発話法**」を用います。

被験者が慣れていないと、思ったことを言葉にできない場合があります。また、テストを進めていくと、被験者の心理を深く探る必要が出てきます。そこで、モデレーターは、被験者の行動を観察しながら、被験者の心理を引き出すために発話を促したり、質問をしたりします。

記録者は、被験者がどこでつまずいたのか、悩んだのかを記録します。基本的には動画を撮影しますが、ポイントをメモしておくことでスムーズに開発につなげることができます。

実際のラボ(別の部屋)で行うこともありますが、テストされていると思うと被験者は緊張してしまうので、ユーザーが普段使っている環境下で行うことが理想です。デバイスも特別なもの（店舗にある機器など）でない限り、被験者が普段使っているものを利用しましょう。テストに必要な機材は、被験者が使うデバイスと記録用のカメラ、メモ帳などです。

準備する機材

ここでは最小限のものを掲載いたします。

- **カメラ：**手元の操作が見えるように撮影します。余裕があれば2台目のカメラで顔の表情も撮影しておきましょう。
- **メモ帳・パソコン：**どのタイミングで反応があったかを記録します。15分程度のテストが多いので、後で見直しやすいように、時間も記録しておくと便利です。
- **被験者（実験者）が利用するデバイス：**ユーザビリティテストをするパソコンやスマホ・可能な場合は画面の録画を行うと便利です。その場合、音声も録音できるか確認しておきましょう。

役割と立ち位置

テストを実施する際には、被験者の真正面や後ろに人が立ってしまうとプレッシャーになるため、モデレーターは被験者の横、記録者は前方に座ります。そして、テスト中の画面と被験者の表情をそれぞれ撮影します。

多数の人々に見られると、緊張してしまう可能性があるため、3人以上の場合は、別の部屋で観察するようにします。

被験者にプレッシャーを与えるため、背後に立つ行為や眉間にシワを寄せたり肘を付くなどの態度は良くありません。
もちろん、望ましい行動の時だけ笑顔というもの駄目です。

図2-2-1　被験者の真正面や後ろに人が立ってしまうとプレッシャーになる

モデレーターの役割と注意点

ここからは、先に紹介した3つの役割について、それぞれ詳しく解説します。モデレーターは、司会進行役の役割を担います。ユーザビリティテストに慣れていない被験者や初めてテストに参加する人は、何をどうして良いかわからないことがあります。

そのため、モデレーターは、被験者にテストの目的を説明し、必ず説明しなければならないことは、「**プロダクト（サイト・アプリデザイン）の欠点をテストするものであり、あなた（被験者）をテストするものではない**」ということです。

テスト中にわからないことがあれば、率直に言葉にしてもらい、続けたくないと感じた場合は、タスクの実施を諦めて離脱しても良い旨も伝えます。また、UIなどのデザインに関する質問をされても答えられない場合があることもあらかじめ理解してもらいます。

テストをする際にタスクを出しますが、被験者に多くの情報を与えすぎると、「何やるんだっけ？」と忘れてしまったり、理解できなくなってしまうこともあるので、コンパクトにまとめて伝えましょう。ただし、あまりにも前提がない状況でテストをすることはできません。被験者が何をすべきか理解してもらい、実施する必要があります。

被験者は本当のユーザーと違い、そのアプリやシステムを使って、何をしたいというモチベーションがないことを把握しておく必要があります。どんなシーンで、そのシステムを使おうと思っているかの前提も大切になります。

できるかテストのタスク（シナリオ）作り

できるかテストは、モデレーターが被験者へタスクを出します。タスク（シナリオ）は下記のように設定してみましょう。

例1）

①宅配サービス
「東京から北海道まで、スノーボード1組を配送したい。その場合にかかる料金と日数を知りたい」

例2）

②ピザのテイクアウト
「野菜とシーフードを2種類ずつトッピングした、Lサイズのピザを○○店で受け取りたい。その場合にかかる料金と受け取り時間を知りたい」

モデレーターの注意点

ユーザビリティテスト中に、被験者への質問の仕方がバイアスになってしまうことがあります。例えば、「購入ボタンをクリックしてください」というような質問は、被験者に購入ボタンがあることを示唆してしまい、UIのヒントになってしまいます。

ただし、過度にバイアスにならないように気を遣いすぎると、ユーザビリティテストで明らかになる問題を見逃してしまう場合があります。質問のクオリティを向上させることは重要ですが、テストを繰り返すことで問題点を洗い出し、改善していくことも大切です。問題点を洗い出すためには、どこでバイアスになってしまったのかを振り返ることが必要です。

記録者の役割と記録方法

記録者は、ユーザーがどのタイミングでどのように迷ったかを記録します。

先に述べたように、人はシステム1の直感で操作しているため、どの手順で操作したかをすべて覚えていません。そこで、記録者は被験者がどこでどのように迷ったかを記録します。

録画もしているので、テストのたびに録画数も増えていきますが、どの録画に何の発見があったのかを明確に記載することで、録画を見返すきっかけになります。

動画を最初からすべて視聴しなくても良いように、何分あたりで何がわかるのかを記録します。特に、被験者の発言を記録しておくと、テストを行った当時を思い出しやすくなります。

どこの部分でどの様に悪かったのかがすぐに見返すことができるように記録しましょう。

例）

06:36：○○△△の意味がわからなくて戸惑っていた （発話）「これ、どういう意味？」
08:12：戻って、戻って、戻ってと3回も戻っていた （発話）「前に戻りたいな」

動画の時間と問題になった内容を記載していく

被験者の役割と発話の仕方

被験者は思ったこと・感じたこと・行動しようとしていることを言葉にする「**思考発話法**」を使って操作します。この思考発話法では、単に感想を述べるのではなく、行動を言葉で表現します。例えば、ECサイトでは、「ヨガのトップスを見たいので、スポーツウェアのカテゴリーをクリックする」といった具体的な行動を表現します。

感想を述べることが禁止されているわけではありませんが、「わからないけど使いにくい」といった感想だけでは、問題の原因を把握することはできません。具体的にどこがどのように使いにくいのかを言葉にする必要があります。被験者が慣れていない場合は、モデレーターが質問して引き出していきます。

行動を言葉にすることで、ユーザーの意図と実際の行動との違いを判断できます。

たとえば、「次に進むために、次へのボタンをクリックします」と言うと、被験者が次に進みたいという意図が伝わります。しかし、実際には、隣のキャンセルボタンに触れてしまって上手にリンクを押せない場合もあるでしょう。そのような場合、ボタンが近すぎたり、ボタンのサイズが小さかったりすることに気づくことができます。

人は、自分が普通よりも平均以上であると信じている傾向「レイク・ウォビゴン効果」があります。そのため、システムやデザインの問題をチェックするテストであっても、被験者は通常よりも慎重に操作することがあります。

そして、ついついタスク完了を目標にしてしまい、最後まで実行しようとする傾向があります。しかし、**操作が面倒だったり、わからない場合は、放棄しても構わないことを念頭に置いてもらうことが大切**です。

2-3 ユーザビリティテストの流れ

ユーザビリティテスト実施の流れを紹介していきます。

1．イントロダクション

- **モデレーターの簡単な自己紹介を行う。（開発者でないことも伝えると良い）**
- **被験者へ感謝の言葉を伝える。**
- **ユーザビリティテストの目的を伝える。**
- **実施にあたり伝えるべき3つを言う。**
  - ①プロダクトの欠点をテストするもので、被験者をテストするものではないこと
  - ②無理に実行まで行かず途中で離脱していいこと
  - ③質問によって回答できない場合があること

目的の伝え方の例：
「Webサイトなど、サービス自体をテストするのであって、あなたをテストするわけではないですよ」
「考えていることを正確に伺いたいと思っていますので、こちらの感情を害するのではないか、という配慮は必要ありません。率直なご意見をお願いします」
「どんなに失敗しても問題ありません」

2．被験者について尋ねる

・被験者のリテラシーや生活スタイル、人物像を確認する。

尋ね方の例：
「ご職業は何ですか？どの様なことをなさるんですか？」
「職場とご自宅では、毎日何をなさっているか教えていただけますか？」
「普段、どのくらいインターネットを利用されますか？」
「どのようなWebサイトをご覧いただくことが多いですか？」

3．わかるかテスト

・テストを行うサイトを見てもらい、このサイトが何かが分かるかどうかを聞く。
・自由にサイトを閲覧してもらい、感じたことを声に出してもらう。

尋ね方の例：
「このページを見て、何のサイトかは分かりますか？」
「どこが印象的でしょうか？感じたことや考えたことをお聞かせいただけますか？」
「最初にどこをクリックしようと思うか、教えていただけますか？」

4．できるかテスト

・**モデレーターは被験者にタスクを与える。**

タスクの出し方の例：
「東京から大阪へ、サイズが30×27×50cm、20キロ程度の重さの荷物を1箱送る場合の料金と日数を調べます」

被験者はモデレーターからタスクを出された後、下記の手順でテストを行います。

①被験者が画面を共有する。オンラインで行う際は、そのまま画面共有する。
②準備が完了したことを確認し、モデレーターは画面をONにした状態で被験者への質問を開始する。
③被験者は、発話しながらタスクを実行する。
④タスク完了後、被験者は画面共有をOFFにする。
⑤モデレーターは被験者に感想を聞き、終了する。

5．被験者へのインタビュー

・最後はユーザーインタビューで質問を行う。

質問の例：
「このサービスを使ってみたいですか？」

被験者から「はい」という回答が返ってきた場合、下記のような質問をしてみましょう。

・どのくらいの頻度で使いそうですか？
・有料でも使ってみたいですか？
・いくらだったらこのサービスに出せますか？
・このサービスを人に紹介したいと思いますか？
・どのように人に勧めますか？

被験者からの回答が表面的だと感じた際、更に深く質問をしてみることでユーザーのインサイトが見えてきます。

2-4 誰もが使えるかをチェックする廊下テスト（HallwayTEST）

ペルソナを作成して特定のユーザーに限定してテストするという考え方もありますが、被験者を限定する代わりに、ランダムに歩いている人を選んで廊下テスト（Hallway Test）を行い、誰でも簡単に使えるかどうかをチェックしましょう。

図2-4-1　ランダムに歩いている人を選んで行う廊下テスト

特定のデバイスやサービスであれば、被験者を限定することが必要な場合もありますが、説明書がなく初めて触れた人でも操作できることを目指すために、廊下テストを行うことをおすすめします。

2-5 ユーザビリティテストはいつ実施するか

ユーザビリティテストは、UIの問題点を明らかにするだけでなく、デザインの悩みにもヒントを与えてくれます。著者自身、悩んで作ったデザインは、ユーザビリティテストを実施すると、ユーザーも迷います。

設計初期段階では、ペーパープロトタイプのような仮デザイン・仮テキストで進めることもありますが、「○○○」「＊＊＊」などのダミーテキストでのユーザビリティテストの実施はできません。UIの流れが途切れないように、どのボタンがどれであるか認識でき、UIの説明を必要とせずに操作できるように作り込みます。

すべてのUIパーツを用意する必要はありませんが、主要なテキストやテストに関係する文章は必要です。このレベルのUIが準備できたら、「できるかテスト」を実行できます。

仮のテキストでも、具体的に記載されていれば、どう迷うのか、どうすれば良いのかのヒントが得られます。開発チームは、フォーマルなユーザビリティテストには参加できませんが、初期段階で行うセルフユーザビリティテストで、ユーザー目線で実際に使ってみてUIの改善点を把握することはできます。

早い段階で実施すればするほど、足りない画面も見つけることができます。開発に入ってから不足画面に気がつく場合もありますが、ユーザビリティテストを行うことで開発前に画面の不足を補うことができます。

ユーザビリティテスト実施のタイミング

ユーザビリティテストの段階によってポイントが異なりますので、手順とあわせて紹介します。

①ペーパー手書き（ペーパープロトタイプ）

説明しなくてもリンクだとわかるレベルで、概ねのUIとテキストを入れて実施します※。

自分では問題なく用意をしたつもりであっても、動線を辿ることによって、ケアレスミスを発見することができます。

②白黒モックアップ（模型）

Adobe XD・Figma等のツールで白黒のモックアップを作成します。この段階では、情報設計にフォーカスするため、より細かいUIテキストやデータを入れます。その際、リンクは必ず入れましょう。

③プロトタイプ（原型）

できるだけ本番に近いデザインをAdobe XD・Figma等で作成し、テストを行います。

場合によっては、htmlでのテストになることもあります。

※参考：UX DAYS TOKYO　ペーパープロトユーザビリティテスト（https://www.youtube.com/watch?v=a_778Edn82U）

④実装

実装後も、全体の流れをチェックします。また、デザイン変更や仕様変更など、何かしら変更した時にはテストを行うようにしましょう。

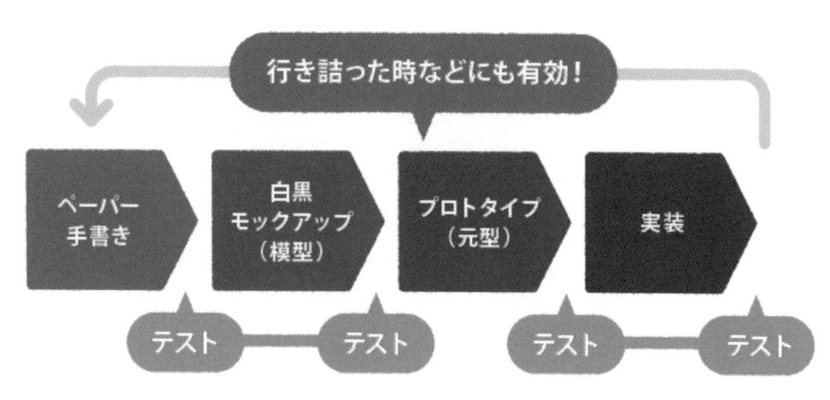

図2-5-1　ユーザビリティテスト実施のタイミング

ユーザビリティテストは段階的に繰り返し行う

ユーザビリティテストで見つかる問題は、すぐにわかるものもあれば、利用しているうちに発見できる問題もあります。どちらにしても、問題を発見したらすぐに改善することが大切です。問題を修正せずに精度を向上させることはできません。

すぐに見つかる問題は、セルフユーザビリティテストで発見し、改善しておくべきです。セルフユーザビリティテストをせずにすぐに見つかる問題を、わざわざ被験者を招集して行う高額のユーザビリティテストで発見するのはもったいないです。

廊下テストで、誰でも使えるレベルに到達するまでは、可能な限りセルフユーザビリティテストで問題を修正することが望ましいです。問題がほとんどなくなったら、被験者を招集して最終的なユーザビリティテストを実施し、最終調整を行います。

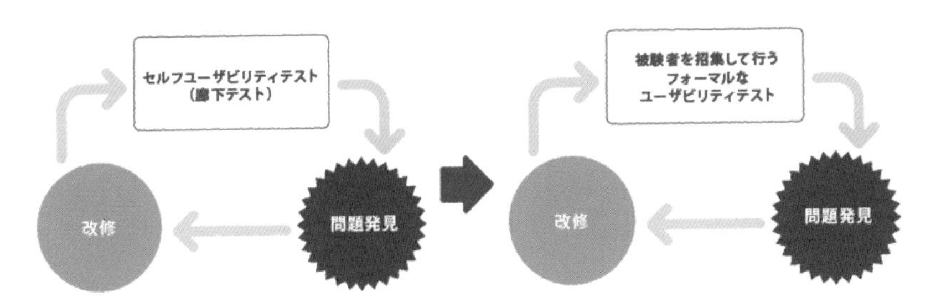

図2-5-2　セルフユーザビリティテストで誰でも使えるレベルまで到達してから被験者を招集する

彫刻やイラストの制作は、最初は荒削りであり、繰り返し線画を描いて完成度を上げていくものです。ユーザビリティテストも同様で、最初は大まかな問題を発見し、徐々に精度を向上させていくことが必要です。精度の向上方法は、次のChapter3で説明します。

図2-5-3　荒削りのユーザビリティテストから始めて、
精度を上げるユーザビリティテストを実施する

セルフユーザビリティテストで検証できるもの

ユーザビリティテストには段階が存在することを説明しましたが、セルフユーザビリティテストや廊下テストでは、誰でも簡単に使用できるかどうかが主に検証できます。

段階を上げていくと、使用できるだけでなく、便利さ、使いたいと思うかどうか、使用し続けたいかどうか、お金を払ってでも使いたいかどうか、他の人に薦めたいかどうか、好感を持てるかどうかなど、品質に関する調査も行います。

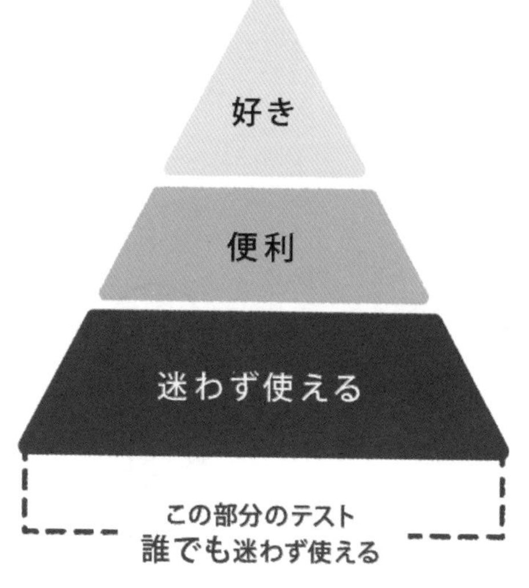

図2-5-4　セルフユーザビリティテストで検証できるもの

2-6 狩野モデルを使った品質基準の理解

5つの品質要素

「狩野モデル」という、品質と顧客満足度の関係を分類したモデルがあります。このモデルは、顧客が製品やサービスに対して要求する品質を以下の5つに分類しています。

- **当たり前品質**：ないと不満に思うが、あるのは当然と感じる要素
- **魅力的品質**：充足されても不満はないものの、充足されるとうれしい要素
- **一元的品質**：満たされていればより満足するが、満たされていなければ不満に思う要素
- **無関心品質**：満たされていてもいなくても、満足度に影響がない要素
- **逆品質**：満たされていると不満に思う要素

図2-6-1は、この5つの品質の達成度によって、顧客満足度にどのような影響を与えるかをグラフ化したものです。

ユーザビリティテストで検出された内容は、狩野モデルの5つの要素の「当たり前品質」と「魅力的品質」に分けることができます。

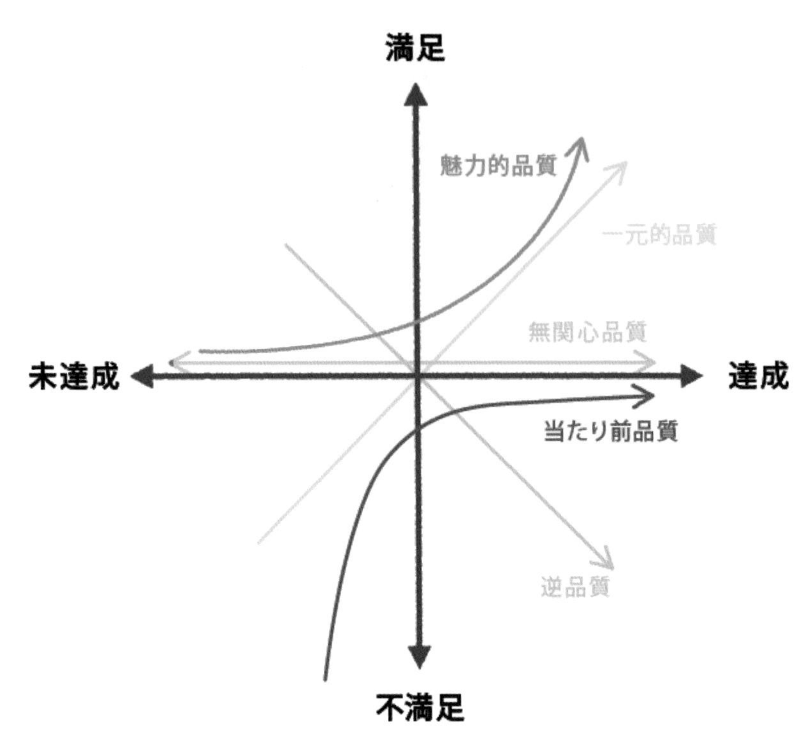

図2-6-1　狩野モデルを表現したグラフ：この中の「当たり前品質」「魅力的品質」がユーザビリティテストの要素に該当する
（出典：https://www.jstage.jst.go.jp/article/quality/14/2/14_KJ00002952366/_article/-char/ja/）

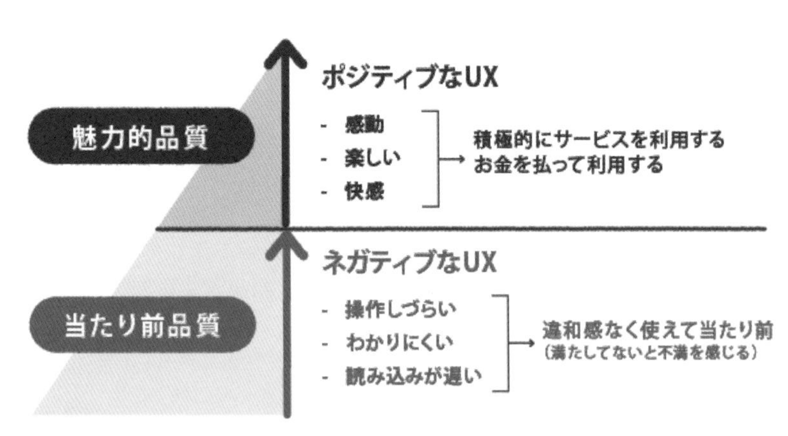

図2-6-2　ユーザビリティテストで検出された内容を狩野モデルにあてはめる

使い勝手に違和感がなく、迷わずに使えるという内容は「当たり前品質」に該当します。

達成しても、ユーザーの満足度は半分しかありません。一方、不明確さは不満足となり、当たり前の品質も満たしておらず、ユーザーは操作が完了できない未達成となります。操作が無事完了できる品質をクリアできれば、公開（ローンチ）することができます。

また、「魅力的な品質」は、存在すると嬉しい要素で、お金を払ってでも使用したいと感じる品質が該当します。感情に関わる品質なので、満足度に影響しています。テスト後に行うインタビューである回顧プロービング（Chapter 3で詳しく説明します）でこれらの情報を得ることができますが、人によって異なる要素でもあります。これらの意見ばかりに左右されてしまうのはよくありません。まずは、ユーザービリティテストの操作が達成できるかどうかの「当たり前品質」を改善していきましょう。

ユーザビリティテストを実施すると、多くの感情やデータが集められるため混乱を招くことがありますが、狩野モデルに当てはめて考えることで、問題がどの品質要素に属するか判断することができます。絶対に必要な「当たり前品質」の要素であれば、すぐに修正が必要な問題です。逆に、「魅力的品質」であれば、人によって異なる問題であることがわかるでしょう。

テストで重要なことは問題が検出されること

ユーザビリティテストを理解すると、すぐにテストの品質を向上させようとする人がいます。テストの品質は繰り返し行うことで自然に向上しますので、最初は何度も実施することに集中しましょう。

質問にバイアスがかかっていたかどうかは後から検証し、改善すればよいです。小さな失敗は無視し、**ユーザビリティテストで浮き彫りになった問題に集中**しましょう。

2-7 ユーザビリティテストとユーザーテストの違いと種類

ユーザビリティテストには、類似の調査方法がいくつかあり、間違われることもあるので、ここで整理しておきます。

まず、ユーザビリティテストは、基本的に**ユーザーの行動を観察し分析する**ことが中心です。エスノグラフィー調査という調査があり、これは何の質問もせずに観察する調査ですが、ユーザビリティテストも同様の調査の一種です。ユーザーが操作中にどこでつまずいたり、悩んでいるのかを調べます。

ユーザビリティテストの後半では、「回顧プロービング」と呼ばれるユーザーインタビュー、または操作中に問題が発生した場合に行う「同時プロービング」と呼ばれる質問を行います（いずれもChapter3で解説）。これらの方法が使われることから、ユーザーテスト（p.019参照）やリサーチの一種と誤解されることがあります。しかし、これらの方法を使っているとしても、被験者の感情や好みをテストするものではありません。**操作性をテストする**ことが目的です。

操作性のテストという認識がないと、被験者の意見で問題の認識や判断が間違ってしまうことがあります。

ユーザビリティテストと類似の調査

	ユーザビリティテスト	ユーザーテスト
類似した調査方法	エスノグラフィー コンテキスチュアル・インクワイアリー	リサーチ インタビュー フォーカス・グループ※
主な目的・実施内容	アプリやUIのテスト ユーザーの行動を観察する 操作ができるかどうかをチェックする	ユーザーの感情・心理を聞く インサイトを知る

※6名程度の参加者を集めて行うインタビューのこと。グループインタビューとも呼ばれる。

Chapter

3

ユーザビリティテストの実践

基本的なユーザビリティテストができるようになったら、次は高度なユーザビリティテストに取り組んでみましょう。問題を発見できても、観察力が不足していると何度も同じことを繰り返すことになってしまい、効果が薄れてしまいます。この章では、実践的なユーザビリティテストにおいて効果を高めるためのヒントを紹介します。

3-1 ユーザビリティテストの4つの実施方法

ユーザビリティテストは4つの手法で操作性と被験者の心理を調査します。すでに紹介した「**思考発話法**」(CTA：Concurrent Think Aloud) では、被験者に考えていることを言葉にするように促し、心や行動の裏側を表面化してもらいます。

ただし、被験者が何をすべきかわからず迷ってしまうこともあるため、「**同時プロービング**」(CP：Concurrent Probing) も行います。

これは、被験者が行動を止めた時に「何を考えていますか？」と誘発したり、「なぜ？」と質問することで深堀りする方法です。ただし、誰もが上手に思考プロセスを伝えられない可能性があること、尋ねすぎるとテストを邪魔する可能性があることも覚えておきましょう。

テスト後に、振り返って確認するための「**回顧発話法**」(RTA：Retrospective Think Aloud) もあります。これは、録画したビデオを被験者と一緒に確認し、その時どう感じたかを口頭で説明してもらう方法です。ただし、被験者が自分の行動や思考を無意識に行っていることが多いため、無理に行動理由を引き出すことは有効的ではありません。

同じくテスト後に詳細なインタビューを行う「**回顧プロービング**」(RP：Retrospective Probing) もあります。ここでは、操作だけでなく、心理的な面のインタビューを行うことができます。タスクができたとしても、面倒だと感じたか、便利だと感じたか、有料だったら使ってみたいかなど、多角的に質問して被験者の声を深堀りしていきます。ただし、後から思いついたものを言葉にする場合や、人によく思われたいポライトネス理論などの心理バイアスも考慮して、本音かどうかを見極めることが重要です。これらの手法をより現場で用いる方法を次項で詳しく説明しています。

操作性と心理の調査方法

手法	内容
思考発話法（CTA：Concurrent Think Aloud）	被験者に考えていることを言葉にしてもらうことで、心や行動の裏側を表面化する
同時プロービング（CP：Concurrent Probing）	被験者が行動を止めた時に質問をして深堀りする
回顧発話法（RTA：Retrospective Think Aloud）	テスト後に、録画したビデオを見ながら、その時どう感じたかを説明してもらう
回顧プロービング（RP：Retrospective Probing）	テスト後に、操作および心理面の詳細なインタビューをする

3-2 ユーザビリティテストの観察眼と検証方法

ユーザビリティテスト実施の注意点

①ユーザーの声をそのまま取り入れるな

ユーザビリティテストを実施していくと、ユーザーの声をそのまま取り入れようとする方がいます。それはとても危険です。良かれと思い、ユーザーの声をそのまま実装したことで、アプリ自体が消滅してしまったケースも耳にします。

ユーザビリティテストの世界的バイブル本『Don't Make Me Think』の著者であるスティーブ・クルーブ氏は、別の著書である『Rocket Surgery Made Easy』の中で、以下のように解説しています。

> ユーザビリティの専門家の間でよく言われるジョークですが、私たちは皆、あるシステムを使おうとして涙が出そうになるくらい苦労している人を見たことがあります。
> しかし、そのシステムを「1（使いにくい）から7（非常に使いやすい）まで」の尺度で評価すると、**彼らは「6」をつける**のです。なぜそうなるのかはわかりませんが、そうなってしまうのです。いつもそうなのです。

（原文）出典：『Rocket Surgery Made Easy』
The biggest running joke among usability professionals is that we've all seen people who have struggled almost to the point of tears trying to use a system that just doesn't work the way it should. But when it comes time to rate it on a scale of 1 (user-hostile) to 7 (ex- traordinarily user-friendly), they'll give it a "6." We don't know why it happens, but it does. All the time.

このように、被験者が操作できなかったアプリに対して、7段階評価で「6」の高得点をつけるケースがあります。被験者は故意に嘘をついているわけではありませんが、自然とそうしてしまうのです。

では、なぜそのような嘘をついてしまうのでしょうか？それは、「自分のリテラシー（知識）不足で操作が理解できなかったかもしれない。アプリのせいではないかもしれない」という心理や、「本当のことを言ったら嫌われる」という**ポライトネス理論**に基づくものです。

相手から悪く思われないよう、無難な回答をしたり、ちょっと喜ばせようとして無意識に高得点をつけたりするのです。

このように必要以上に良い評価をする方もいる一方で、「自分が正しい」と思い込んで何でも言う被験者もいます。被験者の意見を鵜呑みにせず、操作した言動を分析することが大切です。

図3-2-1　操作しにくいアプリでも評価をする時には高評価にする傾向にある

②ユーザーの行動にも疑問を持て！

インタビュー調査結果にはバイアスが含まれるため、ユーザーの行動を考慮する必要がありますが、行動がすべて正解ということではありません。

行動は、P.034で紹介した、無意識の「システム1」で行っている場合がほとんどだからです。ABテストでもよく起きるトラップですが、選択が「A」「B」しかない場合、**本当は「C」を選択したくても、そこから選んだだけという場合**があります。

もちろん、離脱するという選択もありますが、なんとなく選んだという行動もあることを知っておきましょう。

ユーザビリティテスト実施中のインタビュー「同時プロービング」で思考を引き出す

前述のとおり、「同時プロービング」（CP：Concurrent Probing）は、被験者が行動を止めた時に「何を考えていますか？」と誘発したり、「なぜ？」と質問することで深堀りする方法です。

ユーザーは「システム１の」無意識的・直感的な行動が多く、自分の行動の理由を的確に説明できないことがあります。そのため、ユーザビリティテストで、「なぜそれを押したのか？」という質問をすることが重要ですが、操作の妨げにならないように注意しましょう。

また、改めて聞かれると、その場で思ったことと違う答えを強要されるように感じて、無理やり話してしまうユーザーもいます。そのほか、結果的に、インタビューの場の雰囲気で耳あたりの良い答えを回答してしまうことがあります。このように、インタビュー自体は完璧な調査ではありません。ユーザーの実際の行動（データ）と言葉（定性的な内容）を照らし合わせることで問題が見えてきます。

テスト内のインタビューは、数をこなせば必ず慣れます。最初は「これを聞くのを忘れた」と反省することがあるかもしれませんが、聞き忘れや新たな疑問は追加のインタビューで対応しましょう。

重要なのは、「なぜ、その行動をしたのか？」という質問で、ユーザーが無意識に行動してしまっているところを呼び戻して、行動や思考をアウトプット（回顧発話法）してもらうことです。

設計意図と異なる操作をした場合や迷った場合は、どう思ったのかを明確にして行きましょう。手が止まったり、ちょっとしかめ面をしたり、迷っている様子がある場合、モデレーターはすかさず「今、何を考えていますか？」と、被験者の内面を探るように聞きます。

被験者が「ふむ？」「えーと」「あ〜」など、何気ない言葉を発する場合でも、それを拾って何を思ったのかを明確にします。記録者が状況を記録してくれますが、それを引き出すのはモデレーターの仕事です。

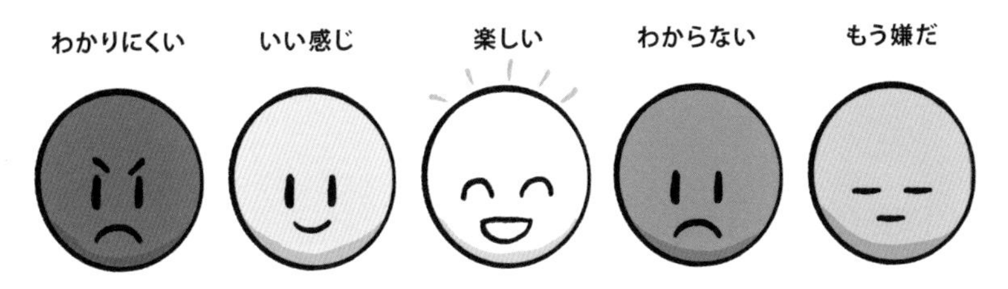

図3-2-2　被験者の様子を見て質問を投げかけよう

言葉に詰まる被験者に対して、同じ質問を繰り返すとプレッシャーを与えてしまうので、言葉を変えながら同じ質問を何度もして、新たなインサイトを見つけましょう。また、ユーザビリティテストでタスクが完了したとしても、ユーザーにとって使いやすくなければ、プロダクトとしての価値はありません。

ユーザビリティテストでは、使い勝手だけでなく、ユーザーに提供したい価値（アウトカム）にフォーカスした視点を常に忘れずに持ちましょう。

ユーザビリティテスト後のユーザー調査「回顧プロービング」でインサイトを聞き出す

こちらも前述のとおり、「回顧プロービング」はテスト後に行う詳細なインタビューです。操作だけでなく、心理的な面のインタビューを行うことができます。

ユーザーのインサイトを知るためには、インタビュー調査が必要不可欠です。ユーザビリティテストの後に行うユーザーテストは、操作以外のことにも焦点を当てて調査します。例えば、実際に使用してみたいという欲求があるかどうかなどです。操作ができても、使用したいかどうかの欲求は別の問題となることがあります。

もし「ぜひ使ってみたいです！」という良い回答が返ってきた場合は、深掘りして質問をしていくことが大切です。例えば、「お金を払ってでも使用したいと思いますか？」「どのような場面で使用したいと思いますか？」「友達に紹介したいと思いますか？」「使用する場合、どの程度の頻度で使用すると思いますか？」など、ユーザーの言葉の真偽や深さを探ることができます。

ユーザーは、嘘をつこうとして良いことを言っているわけではありませんが、良い印象を与えたいという気持ちや、気を遣って良いことを言ってしまう傾向（ポライトネス理論）があるため、注意が必要です。表面的な耳あたりの良い言葉をそのまま受け取るのではなく、インサイトを探るようにしましょう。

ユーザーは、応援したい気持ちから良いことを言うことがあります。しかしそれは貴重な意見ではありません。人は、ポライトネス理論が働き、悪いことを言わない傾向があることを忘れてはいけません。リサーチャーやUXデザイナーは、これらのバイアスを考慮して分析できるようになるため、バイアスや心理学を学ぶ必要があります。

図3-2-3　ユーザビリティテスト後のインタビュー「回顧プロービング」

ユーザビリティテスト実施後のユーザーテストのキラークエスチョン

- 時間をかけてでも使いますか？
- お金を払って使いますか？
- 人に薦めますか？

その他の質問

- どうなるか想像して操作しましたか？ 想像していたものと同じでしたか？
- 見たかった・欲しかった情報はありましたか？
- 面倒な操作はなかったですか？

深堀り質問の上手なやり方（ノンバーバルを見る）

人は雰囲気を読むことができる生き物です。言葉以外の非言語的なコミュニケーションをノンバーバルと言います。ノンバーバルは、相手の表情・仕草・雰囲気、話すトーンや声の大きさなどで伝わる情報で、笑顔やしかめ面、機嫌の良し悪しも含まれ、これらの情報を人は自然と読み取ることができます。その場の雰囲気を読み取る能力もモデレーターの能力のひとつです。

ただし、読み取れるのは雰囲気だけであり、一方的な判断に過ぎません。何をどう感じるかは人それぞれであるため、被験者に、何だと思ったのか、すぐにわかったのか、自分のやりたいことと同じだったのか、次に何をしたいと思ったのか、作業をする上で考慮しなければならないことがあったのか？など、手が止まったという事実に、雰囲気を読んで深堀り質問をしていきましょう。

Column

被験者の様子をよく見ることの重要性

あるテレビ番組でインタビューを受けていた方で、独特の時間感覚を持っている人がいらっしゃいました。5分くらいの野球の壁打ちを30分やっていたと認識していたり、50メートルを10秒で泳ぐと真剣に答えていたのです。笑い話ですが、これがインタビューする相手だと思うと怖いですね。

今回のように、自分では嘘をついているつもりはないケースも多いので、おかしいな？と思った時は、見極めのために違う角度からの質問をしましょう。

3-3 ユーザビリティテストの穴はコンテキストで埋める

コンテキスチュアル・インクワイアリーは、ユーザーが製品を利用する現場や時間帯、状況（コンテキスト）に身を置いて調査する方法です。ユーザーが何をしたいのかがコンテキスト（環境）によって明確になると、コンテキスチュアル・インクワイアリーの価値が理解できます。

その価値を理解するために、事故の例をご紹介します。駐車場に出入りする際に運転手は、チケットを出し入れします。駐車場の道路の形状・チケットの機械の配置・車の大きさ、ハンドルの切り方などでチケットが取りにくくなってしまうことがあります。身体の小さい人が、チケットが取りにくい状況になり、身体を乗り上げてチケットを取ろうとした際、ブレーキから足が外れて車が動き事故になることがあるそうです。

また、地下のトンネルに入って行く際、運転手はアクセルを加速するように踏んでいる感覚がなくても、車の重力によって自然とスピードが出てしまい、交通事故になるケースもあると言われています。

このように、コンテキストをはっきりさせることで、ユーザーの利用方法や本当に必要な設計や情報が見えてきます。現場に近い状態（コンテキスト）でテストする方法は、机上のユーザビリティテストではカバーできない箇所をカバーすることができます。

つまり、ユーザビリティテストにも、コンテキスチュアル・インクワイアリーの考え方を取り入れると、さらにクオリティの高いユーザビリティテストが実行できるのです。

以下でコンテキスチュアル・インクワイアリーを取り入れた例を見ていきましょう。

①歩きながらスマホを使ったテストすることで見えてくるもの

歩きスマホは推奨されない行為ですが、飛行機のチケットを購入するために座って操作することは想定しにくいでしょう。その場合、スマホを持って立ちながら操作する環境でテストすることで、発見できることがあります。たとえば、希望の画面を表示するまでに無駄なステップを踏んでいることに気づき、ユーザーがイライラしてしまうことなどが挙げられます。これらの感情は、UX設計において非常に重要な要素となります。

図3-3-1　テストでは、歩きスマホの途中で使われることも考慮する

①のカバー方法→実際の状況に近い状態で実演する

②実際に使うことで必要なUIがわかる

数年前に著者が韓国の市場で利用したGoogleの翻訳アプリでは、韓国語に翻訳する機能がありました。しかしながら、市場は騒々しく、相手がアプリで話す音声を聞いてくれない場合があることに気づきました。

アプリは文字でも表示されるのですが、市場で働くおばさんたちは文字を読むことを嫌がります。繰り返し同じ言葉を音声入力する必要があったため、非常に手間がかかると感じていました。この問題に気が付いたのか、数ヶ月後にGoogleはリピートボタンを追加しています。

図3-3-2　実際に使う場面を想定する

②のカバー方法→実際に使ってみる

③繰り返し使うことで見える問題

人は、最短距離で移動したいという思考「希望線」を持っています。例えば、駐車場からトイレまでの道が長く、通り抜けられそうな空間があれば、そこを通ってしまおうとすることです。

マウスを使って操作をしようとした場合も同様で、下記の図のステップ①からステップ②に移動する際にも、最短ルートを選択します。

しかし、そのルートに入力フォームがあり、カーソルが変わってしまうUIが実装されていた場合、どうでしょうか？カーソルに当たらないように迂回しなければならなくなります。

2度と使わないUIであれば問題ありませんが、仕事で頻繁に使うシステムのデザインがこのようであれば、ユーザーはイライラするでしょう。迂回自体はちょっとした作業ですが、仕事のパフォーマンスに影響を与えます。

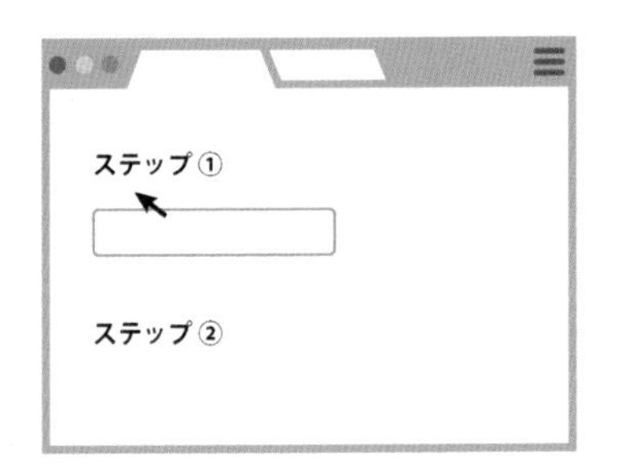

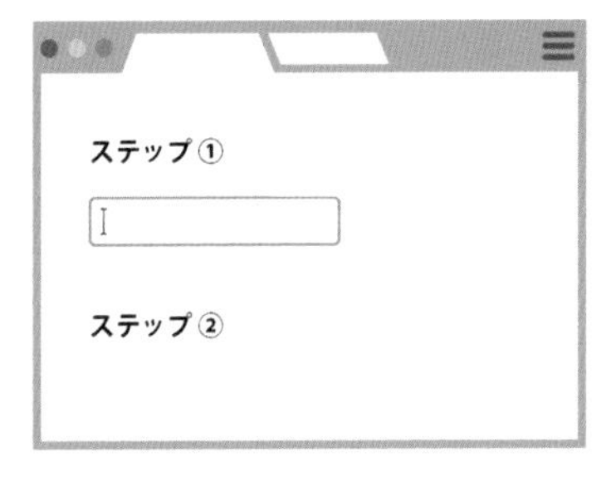

図3-3-3　ステップ①からステップ②に移動する途中にカーソルが変わってしまう

このように、コンテキストから見える問題も存在します。毎日使用するユーザーでなければ気付きにくい問題は、ユーザーに意見を求めると良いです。ユーザーも自分が使いやすいように設計してくれるのであれば、協力的になってくれるでしょう。

③のカバー方法→ユーザーの行動を分析する

④フィードバックをもらう仕組みでリアルの声を集める

実際のユーザーから、使いにくい点を教えてもらうことも有効です。

AmazonのKindleでは、にこちゃんマークを使ってサービスのフィードバックを拾っています。イマイチのアイコンをクリックすると意見を記載することができます。

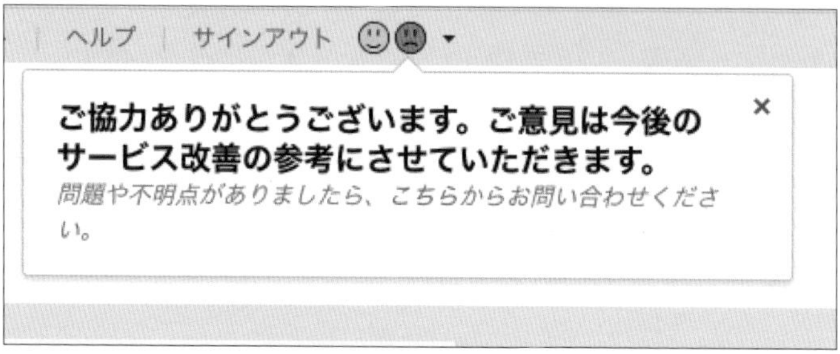

図3-3-4　Kindleのフィードバック

Googleでも同じように、新しいサービスを始めた時や、何かしらの変更や改善を行った場合に実際のユーザーに簡易的に聞く仕組みを利用しています。

④のカバー方法　→実際のユーザーにリアルで調査する。具体的な内容は不満がある人が多いので、それらを拾う

⑤シナリオ設計で想定できないケースは ユーザーからの声を集めて対応

ある方が駐車場で割引チケットを利用しようとしたところ、ウェアラブルデバイスで先に精算されてしまったというケースがあったそうです。常に利用する駐車場であれば、次回に割引チケットを利用できるかもしれませんが、利用しない駐車場であれば返金を求めることになるでしょう。このようなトラブルが起こると、ユーザーや企業にとって時間の損失になります。

ウェアラブルデバイスを利用して決済することで、手軽さが増すのは確かですが、勝手に精算されることは好ましくありません。そこで、ユーザーが精算方法を選択できる画面が必要になります。

このような事象は、想定しにくいものかもしれません。しかし、このようなトラブルがカスタマーサポートに報告された場合には、それを改善に役立てることができます。

図3-3-5　意図せずウェアラブルデバイスで精算されてしまった

⑤のカバー方法→カスタマーサポートであがってきたユーザーの声はすぐに開発に届くような組織構造にする

3-4 「わかるか? できるか?」だけでない 一歩深く考えたシナリオ作成の重要性

宅配サービスを利用するユーザーにとって、基本的なタスクは「送る」と「受け取る」です。例えば、東京から大阪までA4サイズで高さ15cmのダンボール箱に書類を入れて配送したい場合、料金と配送日数を知りたいと思うでしょう。

しかし、このような基本的なシナリオだけでなく、実践的なレベルにおいてもユーザーにとって重要なシナリオが存在します。以下はその例です。

> 「配送日の検索結果が希望日より1日遅いため、早く配送できるサービスがあるか探したい。その場合、1日早くなることで配送料がどのくらい高くなり、何時までに出す必要があるのか知りたい」

このシナリオには、ユーザビリティテストを行う前、すなわちUX設計の段階で想定しなければならない課題が含まれています。ユーザーの利用シーンを正確にリサーチして、ユーザーが何をする必要があり、どのような目的を持っているかを明確にすることが重要です。

ユーザビリティテストのタスクの根本にあるシナリオとUX設計のカスタマージャーニーマップは表裏一体です。カスタマージャーニーマップ(CJM)を使用して、ユーザーの本当の行動を正確に把握せず、機能追加に焦点を合わせて開発を進めてしまうと、結果として使われない機能やUIが生まれてしまいます。

表面的なシナリオに基づくタスク完了だけが十分ではなく、ユーザーの利用シーンを細かく考慮することで、作成すべき機能やUIが見えてきます。

これらの機能やUIを特定するために、制作チームはCJMを基にシナリオやUIを作成していきます。ある意味、ユーザビリティテストは設計したシナリオを、ユーザーが理解できるよう再現しているかを確認するテストと言えます。

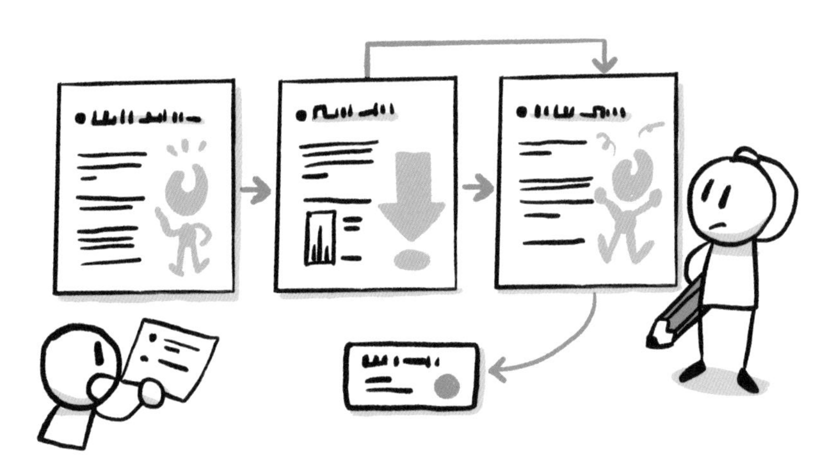

図3-4-1　カスタマージャーニーマップを使ってシナリオやUIを作成する

シナリオにコンテキストを追加する必要性

「できるかテスト」のタスクのシナリオ作成は非常に重要です。パソコンの前で1つのタスクを完了できる場合でも、実際の環境下（コンテキスト）では困難な場合があります。コンテキストがシナリオに必要な例を見てみましょう。

たとえば、トイレの空き状況を確認できるアプリがあったとします。現在の空き状況はわかっていても、実際に検索している場所はトイレの近くでないことも考えられます。ここから考えられるシナリオとしては、「電車に乗っていたら、トイレに行きたくなってきた。降車する場所から最短で行けるトイレの場所と空き状況を調べたい」です。

図3-4-2　電車の中でトラブル発生

しかし、この場合、本当にトイレの空き状況を知らせることがユーザーにとって最適でしょうか？実際にトイレの空き状況を知ったとしても、その情報は検索した時点でのものであり、トイレに到着する時には空きがない場合もあります。

ユーザーが本当に知りたいのは、トイレの空き状況よりも、トイレの混雑状況です。どれだけ並んでいるのか、比較的空いているトイレはどこか、そのような情報をユーザーは求めています。そこから判断して行動を起こせる情報が必要なのです。ステータスを表示するにしても、役立つ情報もあれば、役に立たない情報もあります。

図3-4-3　知りたいのは混雑状況

ユーザビリティテストにおいて、「単純にトイレの空き状況を確認してください」「空いていますね」というように、タスクを操作できたことを「合格」としてしまうのは危険です。実際の環境下での使用をテストしなければ、見えない問題が存在する場合があります。

トイレの空き状況を確認するアプリにおいて、ユーザーが実際に知りたい情報や、急いでいる場合に簡単だと感じるステップなど、ユーザビリティテストだけでは見落としてしまう問題が潜んでいることがあります。次の章で、実際にどのようなステップを踏むのかを見ていきましょう。

3-5 シナリオ作成

シナリオ作成には、ユーザーの状況（コンテキスト）を加味しましょう。加味することで、単純な「できるか」テストとは違う検証ができるようになります。

①「トイレの空き状況アプリ」

シナリオ作成の練習を、トイレの空き状況を検索するアプリでしてみましょう。

トイレの空き状況を知るアプリは、ビルや駅、テーマパーク・学校・会社などで重宝しそうです。

A. 駅でのシナリオ

1. 電車に乗っていてトイレに行きたくなってきた
2. 駅に5分後に到着する
3. 下車した場所に近いトイレを検索したい
4. トイレがある場所までの案内が欲しい

B. テーマパークでのシナリオ

1. 公演イベント最中にトイレに行きたいと思ったけれど、着席している場所から出られないので、公演終了後に空いているトイレを早く探したい
2. トイレは3箇所、それぞれトイレの個数が異なり、近くのトイレは個室数が少ない
3. どのくらい人が並んでいるのか確認したい

2つのシナリオを考えてみました。1つ目のシナリオは駅のシナリオで、現在のトイレの状況を知りたいわけではないことが理解できると思います。2つ目のシナリオからは、並んでいる人数を知りたい、混雑状況を知りたいことが理解できます。

シナリオでユーザーが求めていることがわかったところで、実装できるかどうかも問題になります。空き状況はトイレのドアの開閉でわかるけれど、並んでいる人数はわからないと考える方がいるかもしれません。実装できる条件も重要ですが、実装したものがユーザーのニーズにマッチしていなければ、作っても意味のないものになりかねません。

実際に、Googleでは、スマホの位置情報を使ってお店や施設の混雑状況を把握しています。また、現状の混雑状況を知りたいわけではなく、どのくらい（何分）で空くのかを知りたいので、目安の時間を表示させるというUIが想定できます。

トイレのドアにセンサーを設置して、入っているかを知らせるサービスも存在しますが、ユーザーが本当に欲しい情報はトイレにいつ入れるか、何分待つのか（待っている並びの列の長さ）を知りたいのです。

トイレを出る時には、何分待つかを気にしないように、情報はユーザーの取得タイミングで価値が変わります。そのタイミングをシナリオを通し

て見出していきましょう。また、その時に必要なデータは、正確で確実なデータでなければならないのか、おおよそのデータで良いのか、データの精度の必要性もユーザーの感覚に基づいて大切に設計していきましょう。

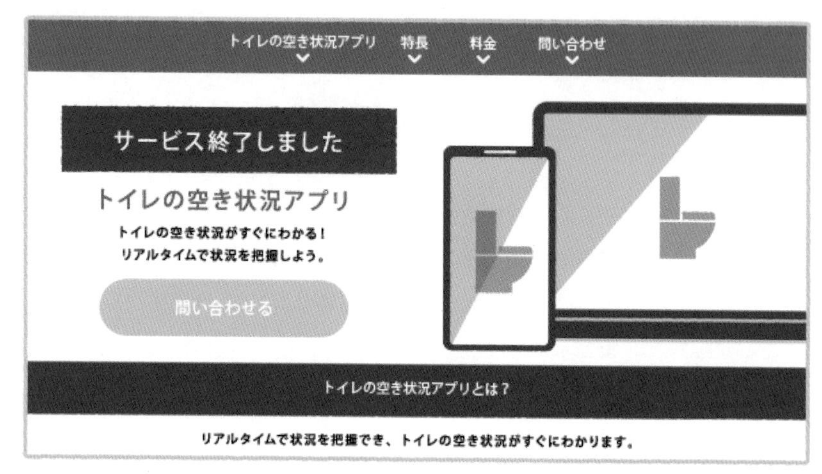

図3-5-1　空室の情報を提供していたサービスもユーザーニーズに沿っていないものは終了している

②「宅配サービス」

宅配サービスを例に考えてみましょう。Chapter2では、「東京から大阪までの特定の大きさの荷物を送る」というシナリオでできるかテストを行いましたが、その他にも想定されるシナリオがあります。

例えば、スキー板やゴルフバッグを送りたい場合、長さや重さを入力する必要があります。しかし、サイズが測れない場合や、行き先が県境であってすぐにどの県か分からない場合があります。それでもユーザーは配送の手続きをしたいわけです。

宅配サービスを提供するA社では、縦・横・高さのサイズと重さを聞きます。しかし、スキー板の場合、高さは板の高さを指すのか、反り上がっている高さを指すのか、どう測れば良いのか分かりません。また、スキー専用の目安サイズも提供されていないため、参考にしづらいです。

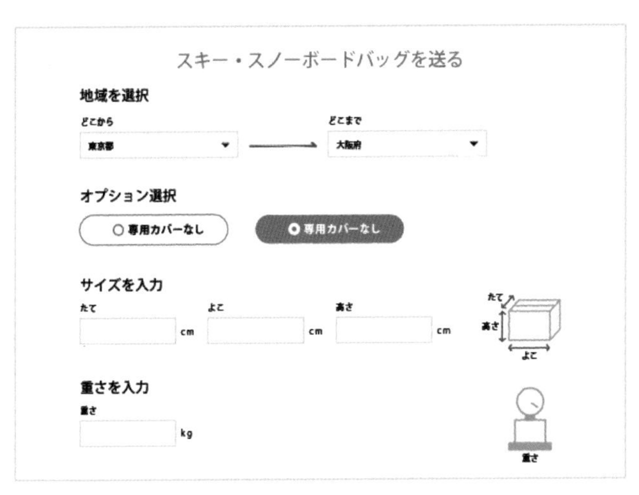

図3-5-2　スキー・スノーボードを送る画面（A社）

一方、同様のサービスを提供するB社は、おおよその目的地の選択と靴などの荷物も含めた状態の目安を表示しています。また、画像も提供されているため、直感的に理解することができます。

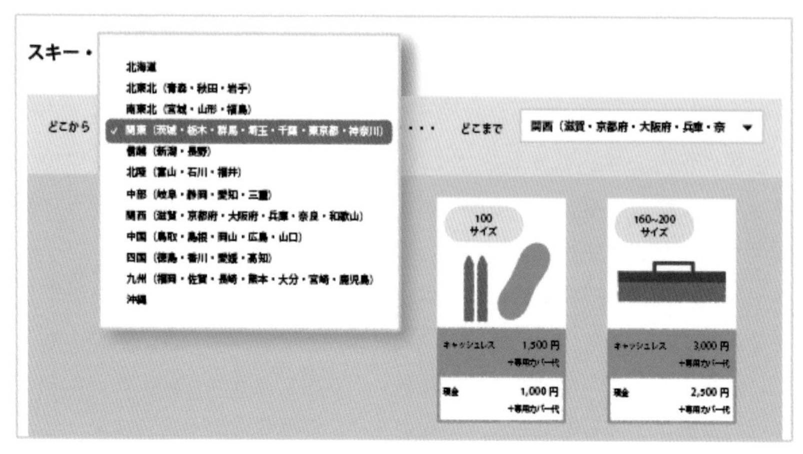

図3-5-3　スキー・スノーボードを送る画面（B社）

スキー板やゴルフクラブを送りたいというニーズに対して、そのサイズを入力してもらおうとするのは企業側の視点です。ユーザーの立場になることで、入力しやすい方法を検討しましょう。

必ずしもそうとは限りませんが、ユーザビリティテストのシナリオは、UX設計のCJMから作成すると作りやすく、仮説の検証にも役立ちます。

3-6 特定のページだけテストして満足しない

どのページもテストしよう

WEBサイトを改善する際に、LP（ランディングページ）やファーストビューを意識する人も多いと思いますが、実際はどのページも重要であり、「ユーザーに何をさせたいのか」という視点を持ち、全体の設計をすることが重要です。

ショッピングサイト構築サービスの例

ショッピングサイトを簡単に作成できるサービスでは、カートのユーザビリティテストを行いました。結果、スタッフAは購入できましたが、スタッフBとCはできませんでした。そのため、UIの改善を繰り返し、テストと分析を行った結果、購入ができるカートに改善することができました。このように、ユーザビリティテストを現場でも活用しています。

しかし、この企業のウェブサイトには、ショップ開設や無料トライアルのボタンが並び、導入事例の詳細が書かれていません。実際にこのサービスを利用しようとするユーザーは、他のウェブサイトを参考にしたいと思うでしょう。そのため、導入した結果得られたメリットや、売上がどの程度上がったのかなど、ユーザーが知りたい情報が不足しています。

特定のページだけでなく、すべてのページでユーザビリティテストやユーザーテストを実施して、ユーザーが求めている情報を提供しましょう。これにより、ユーザーがサイトをよりスムーズに利用でき、導入を検討するユーザーが増える可能性があります。

図3-6-1　事例のページからも申し込みができるようになっている

宅配業者の例

ある宅配業者の「スキー用品」用のウェブページでは、発送元とお届け先を選択するだけで、スキー板や荷物・ダンボールなど、持っていく物ごとにおおよその金額が分かるようになっています。

通常の配送は、荷物のサイズから見積もりを出しますが、ユーザーはスキー板が何センチか覚えていないことも多いため、サイズを聞かれるよりも持っていく荷物ごとの見積もりを掲示してくれるのはとても分かりやすいデザインだと言えます。

しかしながら、このまま出荷の手配を進めようと、ページ下部の「お届け予定日・割引料金を調べる」ボタンを押すと、再度「発地・着地」の入力をしなければならないことに気づきます。

一見良くできたUIと思っても、変更されてしまうとその意味が失われてしまいます。そのため、ユーザビリティテストを行い、配達依頼の完了までの一連の流れを確認する必要があります。このテストはUIだけでなく、確認メールなどのやり取りも含めて行うべきです。

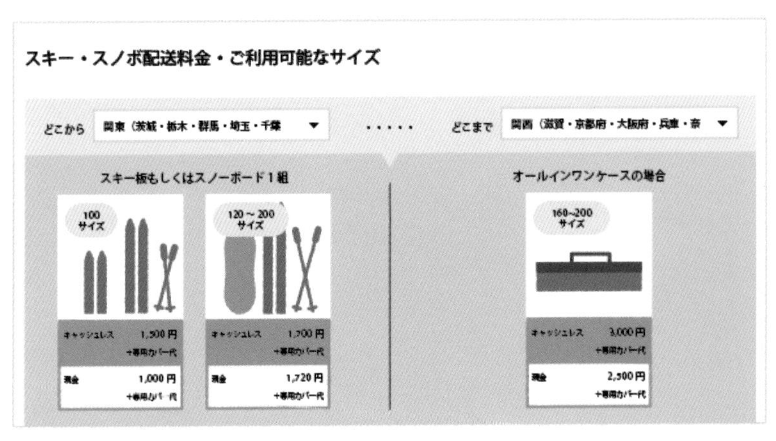

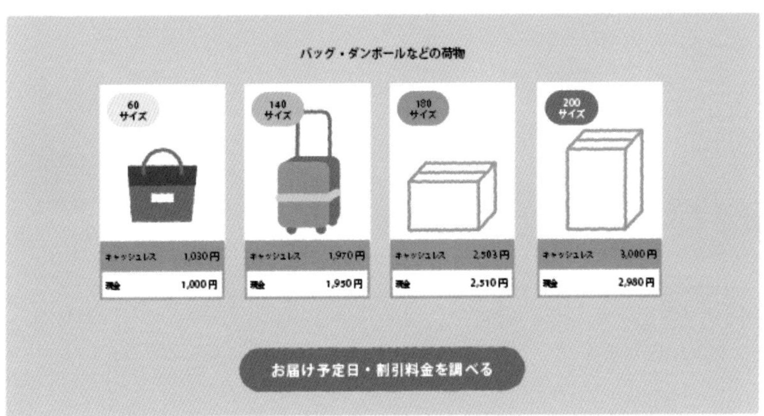

図3-6-2　発送元とお届け先を選択するだけで、サイズごとの料金表が表示される

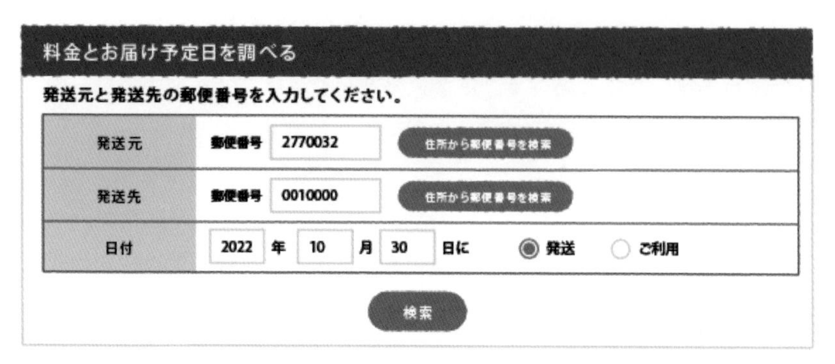

図3-6-3　しかし次のページで再度、発送元とお届け先を再度指定しなければいけない

3-7 ユーザビリティテストのクオリティを上げる

ユーザビリティテストのクオリティを上げるために、正しい認識を持つことも必要です。

よくやってしまう間違いと合わせて確認していきましょう。

①「気付きましたか？」という質問は意味がない

モデレーターのダメな質問として、購入ボタンの存在を教えてしまう「購入ボタンから買ってください」というものがありますが、同じように意味がない質問に「このボタン（情報）があると気づきましたか？」があります。

図3-7-1
モデレーターがしてはいけない質問

Chapter2「ユーザーは見たいものしか見ない」(p.037)でも紹介しましたが、ユーザーはタスクによって見ているものが異なります。例えば、親との外食でレストラインのサイトを見る場合に、金額より定休日が気になるかもしれません。しかし、同僚と行く食事会は金額も気になるでしょう。このように、状況や目的によってユーザーの見る情報が異なります。コンテンツの存在に気がついたかどうかの質問は意味がありません。ユーザーの目的が達成可能かどうか・操作ができるかをチェックしましょう。

②テストがスムーズにできても クオリティが伴わなければ意味がない

被験者が経験を積むにつれて、ユーザビリティテストの実施はスムーズになります。そのため、モデレーターはタスクを紹介するだけで他にやることがない、と勘違いしがちですが、実際には違います。

モデレーターは、単にタスクを伝えて操作を見るだけではなく、ユーザーが迷っている原因を深く掘り下げるために質問「同時プロービング」をします。

同時プロービングとは、ユーザーが迷った瞬間に、「何を思いましたか?」のように尋ねて、無意識の行動を言葉にしてもらうインタビューです。インタビューはテスト後に行われる回顧プロービングが一般的ですが、無意識に行われる操作を観察するため、操作をしている最中に行います。

ただし、同じ質問を繰り返しことは避け、ユーザーの操作を邪魔しない程度に質問しましょう。モデレーターは、ユーザーの心理を理解するために重要な役割を果たします。操作を観察し、ユーザーの心理状態を注意深く観察して把握しましょう。

特に、チームで実施するセルフユーザビリティテストは、単純にルールに従って実施するだけでは形骸化しクオリティが低くなってしまう可能性がありますので、注意が必要です。

③操作ができれば良いわけではない、タップミスなどの操作チェックもしよう

Webサイトを操作する際、意図しない箇所が表示される場合があります。何度かは誤クリックが原因かもしれませんが、同じミスが続く場合は、デザインに問題があることがわかります。

著者が使用している予約システムでは、次の週を表示するために「>」をクリックするのですが、クリックエリアが狭く、その上、すぐ隣に絞り込み検索のアイコンがあるため、クリックミスをして必要のないモーダルを開いてしまいます。

一連のタスクが完了したとしても、それだけでOKと判断するのではなく、同じ操作を10回程度行い、問題があるかどうか確認することをおすすめします。

図3-7-2
操作ミスもチェックしよう

④被験者のペルソナは間違い！？

ユーザビリティテストのためにペルソナを作り、その人になりきって被験者を演じるということを聞いたことがありますが、ペルソナはソフトウェア開発で基準となるユーザー像に過ぎません。

被験者のカテゴリー選定のためにペルソナを参考にする可能性もありますが、ユーザビリティテストで、ペルソナを利用することはありません。また、そのペルソナを演じてテストするのも、性別や年齢が違えば限界があります。

誰でも実施できることをチェック廊下テストのように、基本操作は、誰でもできるものでなくてはなりません。そういった意味でもユーザビリティテストでのペルソナは必要ありません。

図3-7-3 「あのペルソナだとこう答えるのかな？」と想定したテストにあまり価値はない

⑤特定のユーザーだし、慣れれば改修しなくていいのか？

ユーザビリティテストでデザインに問題があることが判明しても、「特定のユーザーしか使わないし、そのうち慣れるから大丈夫」と考える企業も存在します。

しかし、簡単な修正で改善できる問題でも、企業側が「ユーザーは使い慣れるだろう」と考えている限り、改善されることはありません。

ユーザーにとって、いつも歩く道に穴が開いていると、落ちないように気をつけながら歩かなければなりません。

そのような状況下では、ユーザーは不安を感じ、ストレスを感じるでしょう。

したがって、ユーザーがUIに慣れることに頼るのではなく、ユーザーがストレスなく使えるようにデザインすることが重要です。

図3-7-4　穴がないか気にして操作したり、穴を覚えていなければならないデザインは良くない

⑥特定のターゲットだけ使えれば問題ないという思考は間違い

ユーザビリティテストを行う際には、特定のターゲットやペルソナだけが使えるようになればいいと考える人がいますが、それは間違いです。ターゲットを絞ってサービスやプロダクトの特性を出すことはマーケティング理論のひとつですが、ユーザビリティテストには当てはまりません。

それは、年齢やその他の人口統計情報で分類されたターゲットであっても、その人々のリテラシーが異なるためです。また、リテラシーの高い人々でも、初めてその製品を操作する場合は、デザインの全体像を認識してから操作を行います。つまり、年齢やリテラシーに関係なく、現代に生きる人々は基本的に同じような認知感覚を持っていると言えます。

リテラシーの高い人々にとって便利であるというデザインは、段階的開示やカスタマイズなどで対処できます。つまり、最初から特定のターゲットを定めてユーザビリティテストを行おうとする考え方は誤りであることを理解する必要があります。繰り返しになりますが、現代の人々が持つ本来の認知感覚に基づいてユーザビリティテストは行いましょう。

⑦記録者はユーザー心理を突き止めよ

ユーザビリティテストでの記録は、被験者がどこでどの様に迷っていたかを記載しますが、それ以外のユーザー心理も記録に残していきましょう。

ユーザー心理を記録に残しておくことで、数多く出てきた問題の改修をする際につける、優先度をつける検討に役立ちます。問題の改修は見つけたらなるべく早く行うのが鉄則ですが、問題が多発している場合、改修する順番をつけなくてはならないケースは少なくありません。

	ユーザー心理への影響度合い	改修の工数	優先順
問題① 異なる選択を1度に聞かれて戸惑う	**高**：理解できない 「あれ、この画面はなに?」	高	1
問題② 選択のステップが多くて面倒	**低**：手数が多くて面倒 「同じものを購入するのにトップに戻らないといけないので面倒」	中	2

表3-7-1　記録した問題のユーザー心理と改修

図3-7-5　結果だけでなく、ユーザー心理やそれに影響する前後のデザインも記録しておく

Column

改修の優先順位の付け方

改修の優先順位を決める目安は、ユーザーの心理への影響度合いと改修の容易さです。

例えば、ユーザーの心理的影響が少なく、改修が容易な場合は、改修する必要はあるものの、優先度は高くならないでしょう。

一方、ユーザーが手間をかけたり、ストレスを感じるような問題は、優先度が高くなります。ただし、システムの構造によっては、簡単に改修できない場合もあります。その場合は、ユーザー心理的に最もダメージがある箇所を重点的に改修しましょう。

また、ユーザーの心理や感情をテキストで残すことで、テストのシーンを思い出したり、動画を振り返ったりするきっかけになるので、おすすめです。

3-8 ユーザビリティテストを行う上で知っておきたいこと3つ

①ユーザビリティテストでビジネス要件は出せない

ユーザビリティテストは、実装されているUIやデザインの問題点を明らかにするものであり、それ以外の要素はテストできません。

例えば、宅配サービスでは配達までの日時や料金が検索できますが、テストでは往復料金を知りたいというユーザーの気持ちを知ることはできません。同じように、料金が高くなっても早く配達したいというニーズは、ユーザビリティテストでは明らかになりません。

図3-8-1 ユーザーが欲しい・操作したいものが
そのプロダクトに入っていなければテストできない

ただし、モデレーターがインタビューやシナリオを用いてニーズを把握することがありますが、それはユーザビリティテストとは異なるものです。

ユーザビリティテストで対象とするのは、あくまで現在のサービスやUIのテストに過ぎないことを、念頭に置いておく必要があります。ユーザビリティテストを行っているからといって、必ずしもユーザーが求めているものを把握できるわけではないことを覚えておきましょう。

②間違ったユーザビリティテストの分析

ユーザビリティテストで出てきたユーザーの感情が乗った問題発見を、類似問題を集めてカテゴライズしたり、問題にひっかかった被験者の数を洗い出したりする分析は意味がありません。

図3-8-2　一つひとつの意見にユーザーの本当の声が入っているので、分類（一緒くた）することは間違い

せっかくユーザビリティテストで問題の細部がわかったのに、分類してしまうことで、具体的な問題がわからなくなります。また、問題の数での改修の優先度の決定は、シナリオによって問題が検出されていないだけの場合もあります。

ユーザビリティテストを実施しても分析方法によって、効果がなくなってしまいます。無駄な時間や労力はビジネス的にも大きな打撃になります。間違った手法や考え方が組織に入り込んでしまうと、軌道修正するのに更に多くの時間を費やすことになります。間違った方向にいかないために効果のあるユーザビリティテストを身につけましょう。

③知らぬ間に、人を騙すディセプティブデザインになっている!?

ユーザーを欺いてまでCVを上げるなど、企業目的で実装されるディセプティブデザイン（旧名：ダークパターン）があります。ディセプティブとは、「欺瞞（ぎまん）」、「人の目をごまかし騙す」という意味で、プロダクトの間違った目標を達成させようとするあまり、やってはいけないことをしてしまうことです。

図3-8-3　ディセプティブデザインにならないよう注意

例えば、SNSのアクティブ率を高めるために、本当はコンタクトしていない相手に何かしらのアクションをしたように見せたり、知り合いに「(ユーザー名) さんから紹介で」と勝手に名前を利用するケースがあります。

ECでは、チェックアウト時に買っていない商品を勝手にセット売りにされたり、勝手にオプションをつけてユーザーが認識している金額より高く販売されたりすることがあります。これらは非常に悪質ですが、メディアでよく見られる、わざと広告バナーを操作している場所に置いてクリックさせるデザインもディセプティブデザインに含まれます。

また、騙すつもりで実装していなくても、結果的にディセプティブデザインになってしまう場合もあります。以下は、詳細ページの画像に送料無料と記載していて、実際には配送料が別途必要なケースです。

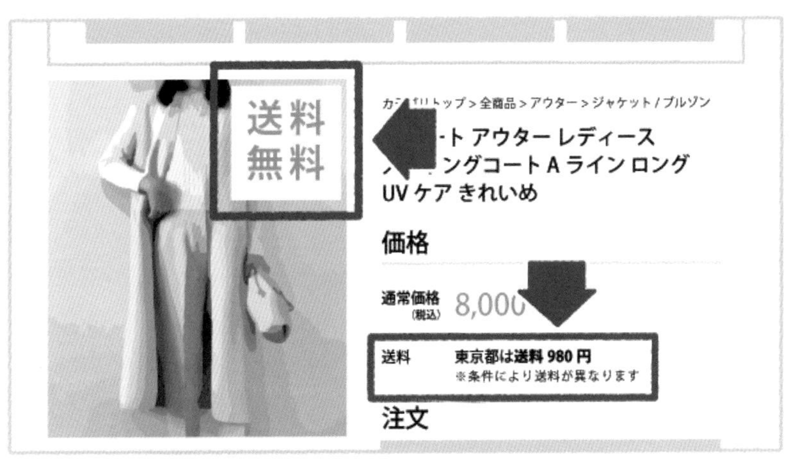

図3-8-4　画像に「送料無料」とあるのに、実際には送料がかかる

運用をしているうちに、知らず知らずのうちに騙している可能性もありますが、送料無料で商品を注文した人にとっては騙されたことになりかねません。このようなミスも、ユーザビリティテストを実施することで、発見することができます。

④好き嫌いのプリファレンステストと混合させない

ウェブサイトのデザインによって、ユーザーは「使いやすそう」「好き・嫌い」という感覚を持つことがあります。実際に、デザインによって使いやすさが変わり、それらをテストするのですが、見た目や好き・嫌いで判断しているものは、ユーザビリティテストの評価には考慮しないようにします。スティーブ・クルーグ氏のテストで「わかるかテスト」「できるかテスト」に焦点を絞っているのはそのためです。

好き・嫌いをテストするプリファレンステストもあります。ユーザビリティテストでのプロービング（インタビュー）を行うと、プリファレンステストに関連するようなフィードバックを受け取ることがありますが、それらは過小評価するようにします。

また、被験者には「こうなると良い」といったアドバイス的な言葉を言う人もいますが、その場では受け入れる一方で、そのままの意見を鵜呑みにしないように注意する必要があります。

Chapter 4

組織に効果のあるユーザビリティテストを取り込む

ユーザビリティテストは、UIの変更のたびに実施します。また、シナリオを変えて異なる観点からテストを繰り返します。これを繰り返すためには、組織内でセルフユーザビリティテストを導入することが重要です。
この章では、チームで行うセルフユーザビリティテストの方法や、組織にユーザビリティテストを導入する際のポイントを紹介します。また、よくあるミスや一般的な誤解についても解説し、より効果的なユーザビリティテストを実現するための有益な情報を提供します。ぜひ、有用なテクニックを学んでいきましょう。

4-1 組織にユーザビリティテストを導入する際のポイント

ユーザビリティテストの大切な副産物（共有の仕方）

ユーザビリティテストによる成果は、システムやデザインにおける問題点の発見にありますが、その副産物として、組織内で問題点に関する共有認識が生まれるというメリットもあります。

図4-1-1　ユーザビリティテストを実施することで、問題点が明確になりチーム全体で目指すものが合致しやすい

特に、チーム内で実施するセルフユーザビリティテストは、進捗状況を理解することができるだけでなく、他のチームのプロダクトの被験者になる場合もあるため、自然と他のチームがどのようなプロダクトを作っているのかがわかるようになります。

図4-1-2　被験者を他部署から呼ぶことで、他部署のプロダクトの状況を自然と把握することができる

デザインチームだけでなく、組織全体がプロダクトの問題点を認識できるようになると、組織の動きが格段に改善されます。

テストに慣れないうちは、自分の作ったものがテストされると、ドキドキしてしまったり、言い訳したくなってしまったりすることもあるかもしれませんが、チーム全員で解決策を出し合うことで、自分だけの責任から解放されます。言わば、「三人寄れば文殊の知恵」です。チームでテストを行い、みんなで解決策を見つけていきましょう。

また、よくある言い訳として、「これは以前のデザイナーが作ったもので、理由はわかりません」と言うことがあります。もちろん、自分が入る前の担当者が作ったもので理解できないこともあるかもしれません。ただ、個人に委ねてしまうような組織ではなく、チームの誰でもデザインの設計理由や意味が説明できるように、ドキュメントにまとめるなどの工夫をしていくことが大切です。

セルフユーザビリティテストを行うメリット

- 自然と問題を認識しやすい
- チームで問題の共有がしやすい（透明性が保たれる）

ユーザー視点が大切

ユーザビリティテストに慣れるためには、繰り返し実施することが重要です。最初はビジネスとは無関係のサイトで行うと良いでしょう。その理由は、ユーザー目線を身につけるためです。競合他社のサイトだと、同じ業界内であっても、ユーザー目線になり切れない場合があるからです。

自社サイト以外のサイトでユーザー目線を身につけ、テスト方法に慣れたら、同じ目線で競合他社のサイトのユーザビリティテストを実施します。そうすることで、思っていた以上に問題点を見つけることができます。

見つかった問題点を分析し、自社サイトにも同じような問題がないか確認しましょう。

ユーザビリティテストを行う場合、適切な視点が必要です。ユーザー目線を大切にし、ユーザー目線を維持できるようにトレーニングを継続していきましょう。

ユーザビリティテストに慣れるまでのステップ

1. ビジネスと関係のないサイトを用いて、**ユーザー視点でテストすることに慣れる**
2. 競合サイトで出てきた問題が自社のプロダクトにもないか、**学ぶ姿勢を身に付ける**
3. 気軽に社内ユーザビリティテストができる環境&マインドを作る

チーム間での廊下テストからクオリティをあげていく

チーム内でのセルフユーザビリティテストは、ミスや問題点を見つけるのに適しています。廊下テストで被験者を特定せず、「できるかテスト」と「わかるかテスト」の2つを実施します。被験者が理解しやすく、操作しやすいという合格ラインに到達するまで、繰り返し実施します。

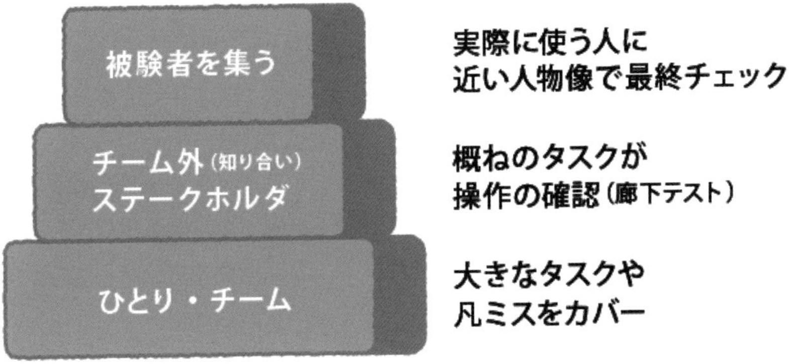

図4-1-3　ユーザビリティテストで被験者を少しずつ広げる

チーム内で合格したら、次にステークホルダーやチーム以外の人々にもテストを実施します。実際のデザインを見ることで、ステークホルダーも状況を理解し、共感を得ることができます。もし参加できない場合は、撮影した動画を見てもらいましょう。

チーム外で合格したら、ユーザーに近い被験者を集めてユーザビリティテストを実施していきます。撮影やモデレーターによる操作確認が必要なため、座って行うことが多いですが、可能であればプロダクトを使うコンテキストに合わせてテストします。テストを重ね、デザインの精度を上げて、被験者を招集するテストを実施することで、適切なテストの実施が可能になります。

セルフユーザビリティテストの注意点

ユーザビリティテストでは、開発に携わっている人は参加せず、外から見守ることが基本です。しかし、チーム内でのセルフユーザビリティテストでは、開発者も含めて実施します。

UIを設計したデザイナーには、言葉を発しない記録者の役割をしてもらうと良いでしょう。

ただし、注意が必要です。人は空気を読むことができる生き物です。視線だけで被験者にプレッシャーを与えたり、誘導したりする場合があるので気をつけましょう。もちろん、机を叩いたり頭を抱えたりするなど、プレッシャーを与える行為は論外です。

また、被験者の後ろに立つことは、心理的に負担になるので避けましょう。「思ったように操作してもらえなくても怒らない」と記録のメモに記載しておくのも良いでしょう。

被験者もまた、「開発者の機嫌が悪くなるかもしれない」と気を遣ってしまい、わかったふりをしてしまうことがあります。これでは、テストの意味がありません。ユーザビリティテストは、課題を発見するために行うものだということを忘れずに、ユーザーがいつも行っているような環境で操作するようにします。

図4-1-4 「UIを作ったデザイナーは記録者になり、怒らない」など、忘れてはならないことを記載しておく

違う意見が言える心理的安全性の高いチームが必要

IT企業を含めた多くの組織が、組織力を強化するために取り入れた「**心理的安全性**」は、ユーザビリティテストにおいても必要不可欠です。自分の本当に思っていることを自由に言えなければ、チームは一致協力してプロダクトを開発することができません。

著者が遭遇したケースでは、参加したプロダクトにUXを取り入れたいと言ったのに、「特殊なユーザーだからね」「いつも使っている人が対象だから、ちょっとわかりにくくても問題ないよ」といった上司の一言で、分析結果を無視されることがありました。

こうした特殊なケースや、ユーザーは慣れてしまうだろという考えは、問題があります。しかし、それ以上に、企業内の開発者チームやデザイナーたちが、上司に対して何も言えない状況が最も大きな問題です。その結果、ユーザビリティテストが無駄になってしまいます。

言いたいことが言えないという状況は、上司だけでなく、開発者を前にしても否定的な意見を言いにくくするものです。ユーザビリティテストをより有効にするためには、自分の本音を言える環境作りが重要です。

仲が悪すぎる

自分の仕事だけやれば良いと考え、相手に干渉しなさすぎる関係

心理的安全性

相手に敬意を持って、言うべきことが言える関係

仲が良すぎる

仲間意識が強くなり過ぎて、言うべきことが言えない関係

図4-1-5 「心理的安全性」が高いチームを目指そう

発言を諦めてしまう環境は自分から正す

発言を諦めてしまうような環境でのユーザビリティテストでは、「有名○○（デザイナー）さんが作ってくれたし、ちょっとわかりにくいけど、かっこいいからいいか〜ぁ」や「○○（上司）さんの言うことだから、必ず正しいはず」といった思考になってしまうことがあります。

問題を提起すると面倒なことが増えますが、見て見ぬふりをすることは良くありません。誰かが悪いわけではなく、人は環境に合わせて行動する生き物なのです。ですから、皆で環境を改善していかなければなりません。**心理的安全性の高いチームを作るための第一歩は、「自分から」発言を諦めずに言葉にする**ことです。

ただし、何でも口にするわけにはいきません。発言には責任を持ち、相手を尊重しながら伝えましょう。相手（作り手）を否定するのではなく、プロダクトを成功させるために意見を述べることが大切です。そうすれば、相手も受け入れやすくなるはずです。

もし、意見を述べるのが難しい場合は、チーム全員が心理的安全性について学ぶ教育プログラムやスクラム（p.134参照）の研修などを受けることを強く薦めます。一滴の熱湯を水に入れても水になってしまうように、チームの数名だけが教育を受けても意味がありません。チーム全体の水が温まるにはチーム全員でマインドセットを共有することが必要です。

ユーザビリティテストに限らず、組織内での間違いを認められない文化や、発言しにくい環境では、組織が成長することはできないということを覚えておきましょう。

図4-1-6　発言を諦めない

Column

鶴の一声で変わらないようにしよう

組織が鶴の一声で変わってしまうようなことがないように、チーム全員が問題を共有し、同じ認識や視点を持つことが必要です。

そのためには、ワークショップを実施することが最適です。ただし、組織によっては、ワークショップが意味をなさない場合があります。ユーザビリティテストやワークショップでは、特定の個人の意見だけが通るような仕組みにならないように注意しましょう。

例えば、上司のことは役職名ではなく、時にニックネームで呼ぶなどする工夫をしましょう。匿名でアイデアを出せるような環境を作ることのもひとつかもしれません。

図4-1-7　特定の個人の意見で方針が変わってしまう「鶴の一声」は良くない

ステークホルダーに
ユーザビリティテストの動画を見てもらう方法

「親になって初めてわかることがある」というように、立場が変わることで新たな視点から見えるものがあります。責任のある立場にいる方々は、日々さまざまな判断を下しています。そこで、ユーザビリティテストの動画がどのように役立つか、見てもらう人の立場にも伝えましょう。

具体的には、ユーザーが何を求めているのか、どこで躓いているのかを知ることが重要です。プロダクトに問題がある場合、それを認識することが必要です。現場の状況を把握せずに適切な判断を下すことはできません。上司も、プロダクトにどのような問題があるのかを知りたがっているはずです。

忙しい上司でも、全体を把握し、問題を的確に理解してもらうように工夫しましょう。ユーザビリティテストとインタビューの動画を見ることで、リアルな声を聞くことができます。感じ方も変わり、記憶にも残りやすくなります。

ユーザビリティテストを終始見てもらえると一番ですが、多くのテスト動画を全部見るのは現実的ではありません。問題の箇所をピックアップしてすぐにアクセスできるようにしておきましょう。また、ユーザーが発している実際の言葉をテキストにしておくと、そのテキストを見ただけで動画を思い出しやすくなります。

図4-1-8　立場に合わせて動画を見るきっかけをつくる

共感を得るために、ミーティングの時間を使って、ユーザビリティテストの価値を理解してもらいましょう。成功体験を語ることで、見てもらえる機会が増えます。ぜひ、取り組んでみてください。

見てもらうためのきかっけのキーワード

ユーザビリティテストで検出した問題を知ってもらうために、相手の興味関心のある言葉を選び、見てもらいましょう。以下にきかっけになりそうな文章を紹介します。

- **他の部署（企業）では、ユーザビリティテストの問題を把握して、＊＊が＊＊％あがったそうです**
- **プロダクトの失敗を正確に把握すると改善が早くなります**
- **3分見るだけで、状況がわかります！**

ユーザビリティテストは改善がなければ意味がない

ユーザビリティテストで問題が発見された場合でも、そのまま改修がされないケースがあることがあります。その理由としては、「開発工数が多くなってしまう」「今さら、戻れない（作り直せない）」などが挙げられます。このような事態を避けるために、できるだけ早い段階からユーザビリティテストを実施することを強くおすすめします。

図4-1-9　問題を放置しない

Introduce Usability Testing to Your Organization

テストで出てきた問題はすぐに改善する組織を作る

ユーザビリティテストで発見された問題は、すぐに改修することが重要です。中には「テンプレートに沿っているため改修できない」という理由で改修を避ける人もいますが、それはただの言い訳に過ぎません。プロトタイプでテストを行い、必要に応じてテンプレート自体もアップデートしていくことが大切です。

問題を発見できても、改修できなければテストは無駄になってしまいます。また、改修したくないという心理が働いて、テストを回避してしまうこともあるため、そういった組織にならないように意識しましょう。

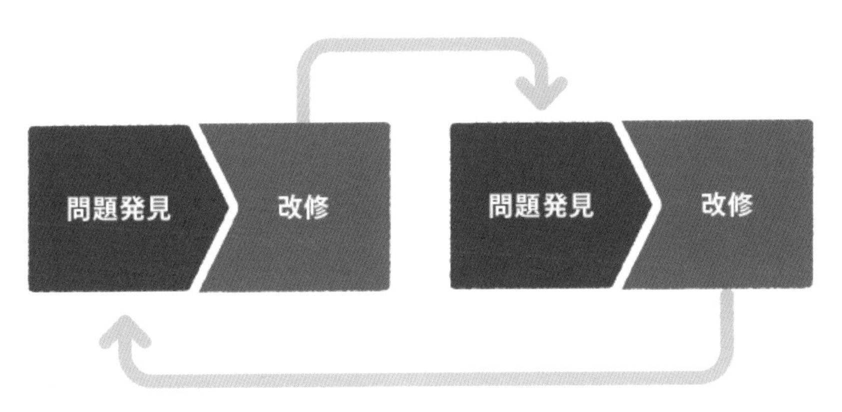

図4-1-10　問題はすぐに改修する

4-2 ユーザビリティテストが実施される組織づくり

組織内でユーザビリティテストを浸透させるためには、「なぜユーザビリティテストを実施しないのか？」という問いを投げかけ、その理由に対して根拠を潰していくことが重要です。

ユーザビリティテストのイベント（P.002参照）で、生谷侑太郎氏はユーザビリティテストの必然性について以下のように説明しました。

> ユーザビリティテストをしない理由に、「サービス提供側がプロダクトの機能や使い勝手を存分に享受していて、すでに100点満点だからである」という前提がある。それは、過信に満ちており、非合理的です。
>
> 私たちは、どんなに努力してもサプライヤーである限り、見落としは100%あるものです。それにも関わらず、リリース前にテストをしない、リリース後に定期チェックもかけない、そして「なぜ100点だと思っているのか」という問いに回答も返ってこない。このような姿勢は、ビジネスを行う上で正しくありません。

プロであるからこそ完璧であることを求めることは素晴らしい精神ですが、それはテストをしないことを正当化するものではありません。

レントゲンを撮らずに悪いところを見つけられないように、ユーザビリティテストをしないと問題を発見することはできません。プロとしての認識を持つためには、便利なツールを上手に利用することが必要です。

同じような考え方で、「ユーザーのことは全部知っている」と思い込んでいる人もいます。しかしそれは傲慢であり、他人のことを全て知っていることは不可能です。テストは必ず行い、自己満足に陥らないようにしましょう。

図4-2-1　ドクターがレントゲンで問題を発見するように、UXer（UXデザイナーをはじめ、UXに関わっている人）もユーザビリティテストで問題を発見する

マーケターや開発者への理解を広げる

チームメンバーにユーザビリティテストの重要性を理解してもらうためには、実際に参加してもらうことが最も有効です。ただし、参加してもらっても、「面倒な仕事を増やしているだけだ」と悲観的に受け止める人もいます。そのため、ユーザビリティテストの効果や、そのメリットを説明する必要があります。

参加してもらえない場合は、ユーザビリティテストの動画を見せることもできます。しかし、その際にデザインやシステムの問題が露呈することもあるため、関係者に事前に連絡し、会議でデザイナーや開発者を非難するようなことがないように注意喚起を行いましょう。

図4-2-2　マーケターや開発者にも参加してもらおう

4-3 間違った思考・よくある落とし穴

同じことをしているにもかかわらず、効果がある企業とそうでない企業があります。その違いは、考え方の違いによるものです。考え方によって、やることも変わり、結果的にプロダクトや組織が変わっていきます。正しい、効果のある考え方を学びましょう。似ているようで非なるものが、この世には多く存在します。本質を見極めることが大切です。

図4-3-1　同じことをしても、結果の出るチームとでないチームがある

チームのマインドをユーザビリティテストにフィットさせる

ユーザビリティテストをチームに適用するためには、まずはチームメンバーのマインドセットをアップデートし、チーム環境を整える必要があります。知識を身につけることでアップデートできますが、自分たちのプライドやバイアスが成長を妨げることがあることに注意が必要です。ここでは、アップデートに必要な知識や心理（バイアス）の理解について紹介します。

UIデザイナーには改善思考になってもらう

ユーザビリティテストを行った際、UIデザイナーが最もダメージを受けることが多いです。デザイナーとしての誇りもあるため、真剣に取り組んだUIであるほど、ユーザビリティテストの結果に言い訳をしてしまいがちです。

「（ユーザーが気が付かなかったボタン）**ここに、そのUI（機能）があったんです！**」
「（ユーザーが認識できなかったUIに）**それは、ココにあります**」
「（ユーザーによって異なるページに行かない）ユーザーによって行くページが違うので、振り分けのページが必要だと思いました」

Introduce Usability Testing to Your Organization

図4-3-2　言い訳思考

どれも、「私はちゃんと設計しています。頑張って仕事しています」という気持ちから言葉が出てきます。もちろんわかります。言いたくなることも…。しかし、以下のように言葉を変えてみましょう。

図4-3-3　改善思考

「(ユーザーが気が付かなかったボタン）このUIに、その機能があったんです！」
→「なぜ気が付かなかったのか？ボタンの言葉がわかりにくかったのかな？」

「(ユーザーが認識できなかったUIに）それは、ココにあります」
→「背景と馴染みすぎて可変するコンテンツとは認識できなかったのかも？」

「(ユーザーによって異なるページに行かない）ユーザーによって行くページが違うので、振り分けのページが必要だと思いました」
→「振り分けページはあまり使わないページということが認識できました！」

言葉によって、人の行動は大きく変わります。
「私は（仕事を）やっています。」というマインドから、「なぜユーザーは想定外の行動をするのか？」という疑問を持つようにしましょう。だからといって、誰もあなたがサボっているとは思っていませんので、安心してください。

自分の思考が変われば、ユーザビリティテストの中でデザインのヒントを得ることができますが、ユーザーの声をそのまま鵜呑みにするのは危険です。病院の先生が患者の感情を聞くことはあっても、それをそのまま診断しているわけではないのと同様です。

また、UIデザイナーだけがUIを作るわけではありません。ユーザビリティテストを実施し、問題をチーム全体で共有し、チームでアイデアを出し合うことが重要です。チームでUIを作り上げましょう。

その中で、UIデザイナーは認知心理学を学び、問題解決力を養うことが重要です。テストを繰り返し、誰が使っても使いやすいと自信を持てるUIを作ることが、UIデザイナーとしてのプロフェッショナリズムの証です。

職種別マインドセットのアップデート方法

ユーザビリティテストを実施するためには、各職種のマインドをアップデートする必要があります。捉え方を変えるだけでも、人の行動や発言は大きく変わってきます。そこで、各職種がアップデートすべき内容を以下に記載します。このような取り組みがチームを変えていくことを、ぜひ実感してください。思いもよらぬ発見があるかもしれません。

	改善にあたり（チーム）	ユーザビリティテストをする上での視点
UIデザイナー	あなたが作ったデザインを否定しているわけではありません	なぜ、その結果が出たのか、どうしたら改善できるかを考えましょう
マーケター・データアナリスト	ユーザビリティテストの結果とデータ分析を照らし合わせてチームに共有しましょう	改善ページやLPなど主要なページだけでなく全体をチェックしましょう
PdM・PO※	チームメンバーに敬意を払いつつも、的確に問題を捉えて伝えましょう	アウトカム（ユーザーに提供したい価値）を考慮して、操作があっているか考えましょう
UXデザイナー	ステークホルダーの立場で理解できる言葉を使い、問題が認識できるように解説しましょう	UIだけでなく、全体を俯瞰してゼロベースで考えてみましょう

※PdMはプロダクトマネージャー、POはプロダクトオーナー

ステークホルダーの要望だけにフォーカスしない

ユーザビリティテストで浮かび上がった問題を無視して、現場やステークホルダーの意見だけ優先するプロダクトを目にすることがあります。ステークホルダーの要望を実現することは仕事の一部ですが、そればかりに固執してユーザーを無視してしまう、肩書だけのUX・UIデザイナーも存在します。UX・UIデザイナーの「U」は「ユーザー」を指します。チーム全体でユーザーを重視するマインドを持ち、ユーザー視点でプロダクトを開発していくことが大切です。**ユーザーを置いてきぼりにしないチーム**を作っていきましょう。

図4-3-4　ステークホルダーの意見だけを優先してしまう

プロダクトの価値と埋没コスト

ユーザビリティテストの結果をうまく取り入れるためには、人間心理やバイアスについて理解しておく必要があります。その一つに、**埋没コスト**（**サンクコスト**）があります。

埋没コストとは、すでに投資した費用で、回収不可能な費用を意味します。このような費用は回収できないため、投資を諦めてやめるべきなのですが、人は、投資した費用や時間分だけ、それを捨てることができなくなるという心理に支配されてしまいます。

図4-3-5　埋没コスト（サンクコスト）に惑わされないように

制作現場でも、「せっかく時間をかけて作ったのに！」という心理が働くことがあります。この思考が働くと、ユーザビリティテストを行っても改修できなくなってしまいます。

記録として駄目なUIを残すのはOKですが、使われないUIをいつまでもアーカイブファイルに残す行為は、埋没コストの現れかもしれません。**ユーザーがテストして使えないものの価値はゼロ**です。特に、時間をかけて作ったシステムは、捨てきれないという心理に陥ることがありますが、ユーザー基準で判断し、埋没コストに埋もれないようにします。過去にとらわれず、常にユーザーの価値と未来を見据えて作り上げていきましょう。

顧客が本当に欲しいものとは？

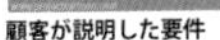

図4-3-6 「顧客が本当に欲しかったもの」（もともとは作者不詳の風刺画で、さまざまなバリエーションがある。上記は www.projectcartoon.com で作成されたものをもとに編集）

この画像は、システム開発などで起こりうる問題を例えています。この図は、プロジェクトに関わる人たちが同じ方向を見ていないことを表しており、顧客を含めた全員が合意形成をする必要があることを示唆しています。

チームで考える際に、顧客から提示された要件と、プロジェクトリーダーやプログラマーなど各ポジションの認識が異なることがあります。意思疎通ができておらず、プロジェクトが失敗に終わることもあるでしょう。また、最初に出された要件と、実際に必要なものが異なっていた場合もあります。

考え方が個人個人で異なっていて、プロジェクトに関わる人たち全員が同じ方向を見ることができない場合、顧客が求めるサービスを提供することは難しいでしょう。

意思疎通ができているかどうかを確認するために、問題発見が非常に重要になります。ユーザビリティテストを行うことで、問題が明らかになります。

ユーザビリティテストとスクラムの相性

スクラムは、もともとアジャイルのソフトウェア開発のために生まれたフレームワークですが、プロダクトの成功にはチームの進め方が大きく影響するため、スクラムの枠組みや精神を利用する企業が増えています。

その特徴としては、早い段階で市場の流れに乗り、ユーザーのニーズに合ったプロダクトを提供できることが挙げられます。スクラムでは素早く開発し、短期間で市場にリリースし、反応を見ながら改善していくことが重要ですが、テストをせずに市場にリリースすることはありません。テストを繰り返し、成功率を高めてからリリースすることを目指します。

ユーザビリティテストは、このテストに役立ちます。システム開発の最後に取り付けるようなユーザビリティテストではなく、設計が正しく動作するかをユーザビリティテストで確認することで、プロダクトの品質を高めることができます。

Chapter

5

ヒューリスティック評価とデザイン改善

デザイナーの知識や経験を活かし、UIの問題点を評価する方法として「ヒューリスティック評価」という手法があります。ヒューリスティックは、複雑な問題を直感的にシンプルにして考える思考プロセスであり、比較的正確な答えを迅速に導き出す方法です。
この章では、NGパターンを例に挙げながら、ヒューリスティック評価の解説を行います。

5-1 ヒューリスティック評価

ソリューションまで提案できる ヒューリスティック評価はプロダクト進行が早い

ヒューリスティックは、経験から直感的かつ手っ取り早く回答を導こうとする思考法を指します。ヒューリスティックの中で、多くの人が陥りがちな思考パターンをバイアスと呼びます。バイアスは、偏り・間違っている場合に利用されますが、ヒューリスティックは、経験則・知見・ノウハウという意味合いが強く（偏りではあるものの）良い意味で使われることが多いです。

ヒューリスティック評価（p.020参照）は、日本語では「専門家評価」と呼ばれます。特徴としては、問題のUIを発見すると同時に、解決策を持ちあわせていることが多いため、「分析＋改善まで」が早く、プロダクトの進行が早くなります。

Chapter1で紹介したように、ヒューリスティック評価は、ユーザビリティテストの1つですが、被験者を呼んで行うユーザビリティテストが不要になるわけではないため、状況に応じて活用します。特に、改善すべきUIが多く存在する場合においては非常に効率的です。

5-2 テンプレートUIがそのまま使えない理由

ヒューリスティック評価は、視点が大切になります。デザインテンプレートはとても便利ですが、採用すればどの場面においても最適とは限りません。まずは、テンプレートがなぜそのまま使えないのかを理解しましょう。

同じエレベーターでも同じUIが便利とは限らない

ユーザーインターフェイス（UI）は、プロダクトの目的や状況によって必要不可欠だったり、便利だったり不便だったりします。どの状況で、どのUIが適しているのかを判断し、設計力を身につける必要があります。

例えば、5階建てと50階建てのエレベーターを考えてみましょう。5階建てであれば、ニールセンの10原則（p.020参照）の1つである「システムステータスの可視性」を示すUIが、必ずしも必要なわけではありません。しかし、50階建てのエレベーターで、現在の階数がわからなければ、イライラするでしょう。

このように、同じエレベーターでも階数が異なるなどの状況によって、「システムステータス」の必要な度合いが変わってきます。よくあるUIのテンプレートをそのまま採用しても、必要がなかったり、逆にそのUIがあることで意味不明になることさえあります。

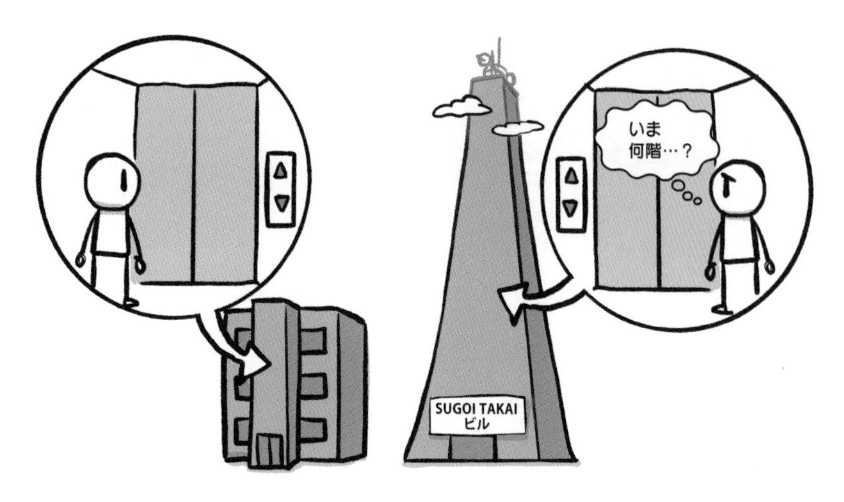

図5-2-1　何階かを示すエレベーターの表示の有無は、建物の高さで必要性の度合いが変わる

テンプレートに頼りきりではなく、ユーザー視点で、どんな情報でどのようなUIが必要かを検討しましょう。そして、重要なのが、利用する際のユーザーの心理がどうなるかも考慮してUI設計していきましょう。

5-3 改善すべきデザインの実例

ここでは、既にローンチされたサイトをヒューリスティック評価しています。ただ単に指摘するだけでなく、解釈を通じてUXerとしての視点を習得することを目的としています。

ユーザーの視点から得られた声や感想をもとに、問題点を説明しています。必要に応じて、改善案も提案しています。

手順がわかるステップバーは絶対に必要か？

入力フォームにおけるステップバーは一般的で、ほとんどのサイトで同様のデザインが採用されています。ただし、エレベーターの例と同様に、ステップバーが必ずしも必要なわけではありません。

例えば、「入力→確認→完了」といった、あまりにも基本的な手順をステップバーで表示する必要があるのかどうかは疑問です。

ステップバーを表示するためには、画面の高さが必要となります。この領域はわずかかもしれませんが、スマートフォンなどでの操作においては、スクロールしなければならない場合があります。ユーザーにとってステップバーが本当に便利かどうかを検討した上で、導入するかどうかを決めるとよいでしょう。

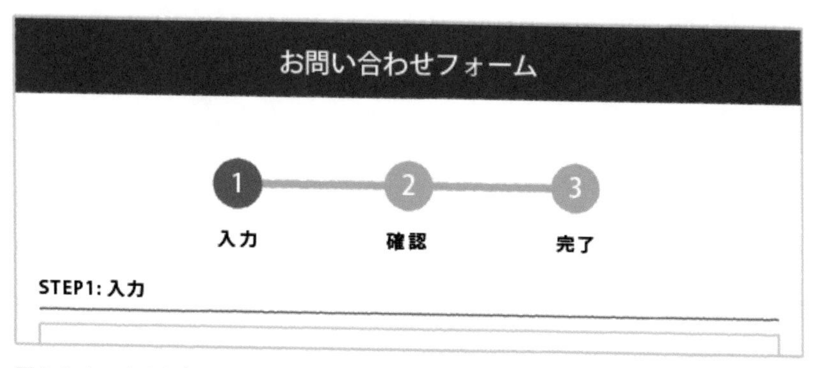

図5-3-1　よくあるステップバー：スマーフォンで見ると領域だけが取られる結果になることも！　本当に必要か検討する必要がある

1. 店舗を選んだのに、また選択するの？

飲食店や美容室など、複数店舗を展開する企業のウェブサイトは多くあります。あるサイトでは、品川の店舗の予約を選択したはずなのに、リンク先のフォームで再度、店舗を選択しなければならないことがありました。

開発者側からは、「選択するだけでしょ？」と思われるかもしれませんが、常連客で、毎回このフォームから予約する場合には、イライラが募ることでしょう。

図5-3-2　各店舗の予約ボタンをクリックすると…

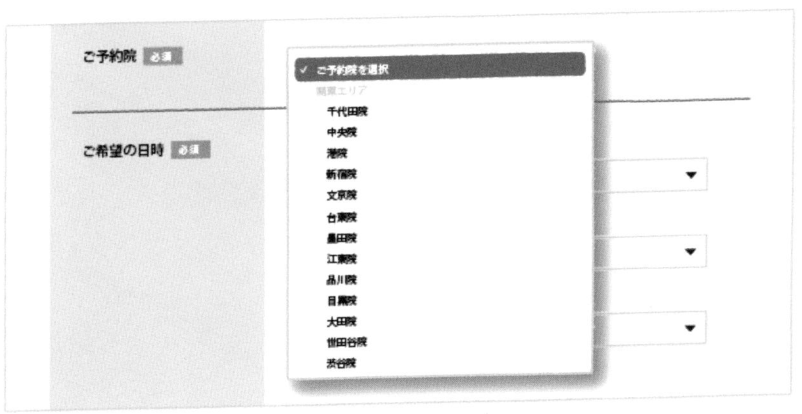

図5-3-3　再度、フォームで予約する店舗を選択しなければならない

2. 予約したいだけで会員になりたいわけじゃない

無駄に多くの個人情報を要求したり、新規登録を求めたりすることは避けるべきです。

あるレストラン予約サイトでは、会員登録していないと予約できない仕組みがあります。多くのユーザーは単に予約したいだけで、会員登録をしたいわけではありません。そのため、多くのユーザーは離脱してしまいます。

なのにも関わらず、このレストラン予約システムでは、日時や人数など必要な条件を入力し、レストラン検索が終わると、当日の連絡先と名前の入力で予約が完了するかと思いきや、次のページでログイン/（新規）ユーザー登録画面が表示されます。

図5-3-4　予約のフォームから「次へ」を押すと……

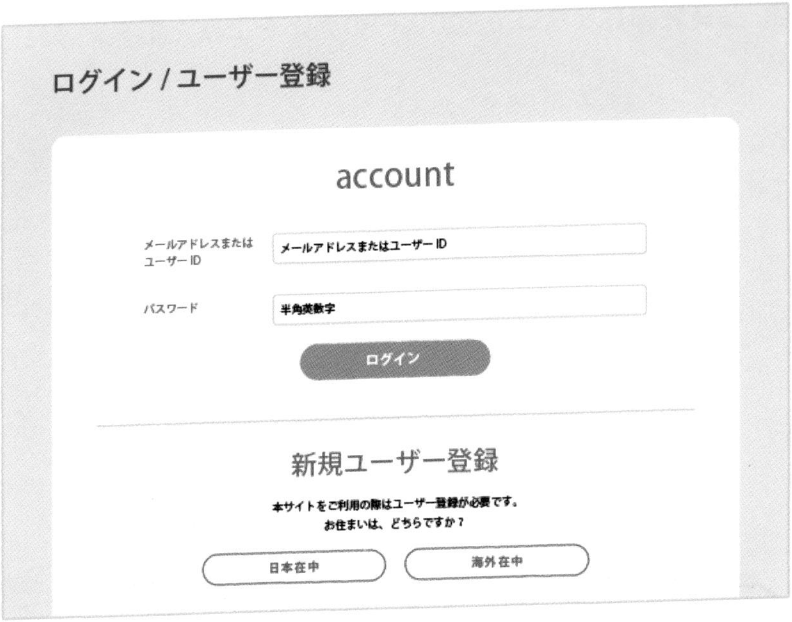

図5-3-5　ログイン・ユーザー登録に誘導される

さらに、予約に必要のない、住んでいる国などの情報を詳細に聞かれ、それらを登録するだけで何分もの時間が奪われてしまいます。そのため、多くのユーザーは電話での予約の方が早いと感じることでしょう。

会員登録させないで300億円の売上を上げたボタンの話

ユーザーが求めるのは商品の購入や予約など、目的を達成することです。会員登録は手間がかかるうえ、余計な情報を求められることで不安を抱くこともあります。

しかし、ある記事※によると、会員登録を後回しにすることで、売上が300億円伸びたという成功事例があります。

図5-3-6　会員登録させずに売上を上げることもできる

※https://articles.uie.com/three_hund_million_button/
（日本語での紹介：https://uxdaystokyo.com/articles/300million-button-html/）

会員登録せずに購入できる設計

初めて利用するECサイトでは、今後定期的に購入するかわからない場合があります。そのため、ユーザーが特定の商品を購入するだけである場合もあります。そのような場合に備え、「会員登録せずに購入する」ボタンを用意しておくことが重要です。

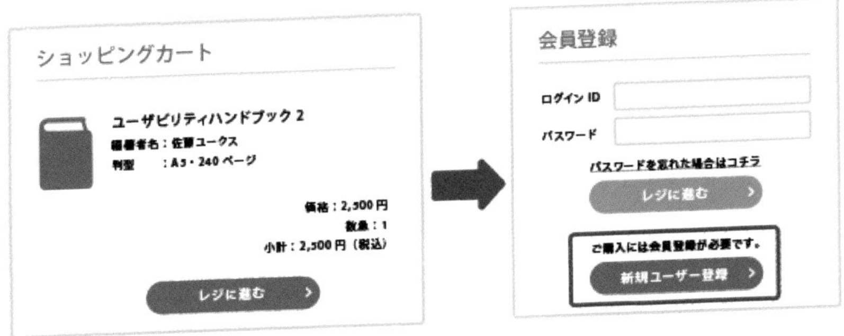

図5-3-7　会員登録しないと購入できないサイト

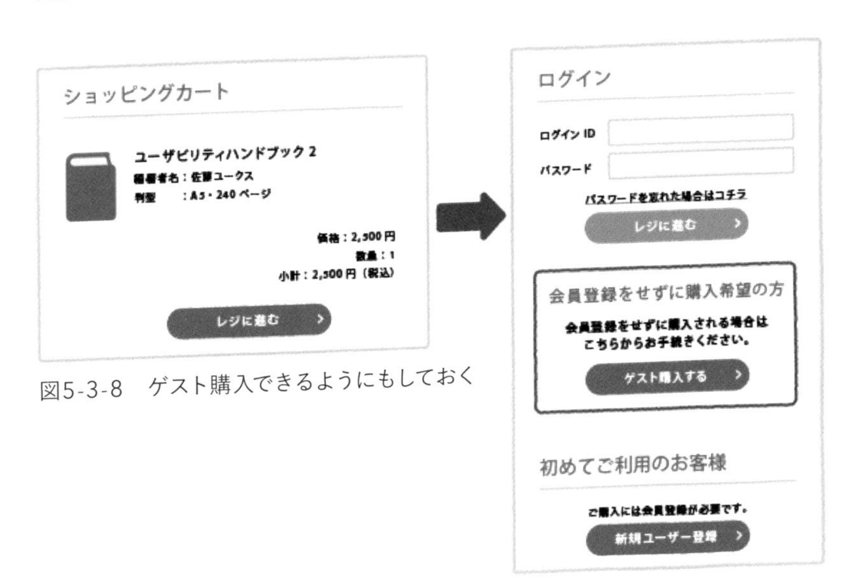

図5-3-8　ゲスト購入できるようにもしておく

3. できないなら操作する前に教えてよー（怒）!!

操作を行った後にエラーが発生する場合、あらかじめユーザーに通知することで、ストレスなく操作できるようになります。

銀行Webサイトの振込み操作でのエラー

ある銀行のWebサイトで振込みを行う場合、相手の振込先情報を入力し、最終的に「振込み完了」ボタンを押すと、振込みができないエラーメッセージが表示される場合があります。このエラーは、「IP登録がされていない」ために発生するもので、セキュリティ画面でIPを登録するか、一時的に制限を解除することで振込みができます。

図5-3-9　振込実行時にならないとエラーが出ない

しかしながら、操作している端末から振込みの操作ができない場合は、まずセキュリティ制限を解除してから振込みを行うよう促すべきです。操作が不可能になってしまうと、ユーザーは振込みが完了した後にエラーが発生し、作業を二度行わなければならないため、不便を感じる可能性があります。

5-4 UXライティングでシステムの使い勝手をよくする

ユーザーは文章を通して物事を理解しています。理解しやすい文章は操作もしやすく、しかし分かりにくい文章はユーザーをイライラさせます。文章1つで、ユーザーエクスペリエンス（UX）が大きく変わってしまいます。このことをUXライティングと呼んでいます。

これまでの説明でもUXライティングが関係しているものもありましたが、ここではUXライティングに焦点を当てて説明します。

UXライティングは、エラーメッセージ、UIのテキスト、周囲のコンテンツなど、システムの使い勝手に大きく影響するテキスト全般を含みます。ですので、しっかりと把握しておくことが重要です。

ちなみに、Googleのプロダクトチームでは「明確に（clear）」「簡潔に（concise）」「役立つように（useful）」をUXライティングの3原則として掲げています※。

※出典：UX Writing「How to do it like Google with this powerful checklist」（https://uxplanet.org/ux-writing-how-to-do-it-like-google-with-this-powerful-checklist-e263cc37f5f1）

1. 何をすべきか理解できるエラーメッセージを表示させる

ユーザーは、的確な表現でなければ理解できません。エラーメッセージはただ出すだけではなく、理解しやすいものを表示する必要があります。

一般的に、丁寧ながら内容が不明瞭なエラーメッセージがよく見られます。「申し訳ございません。入力に不備があります。再度入力してください。」というエラーは、何が問題なのか不明確です。このため、ユーザーはエラーの内容を考える必要があり、面倒な思いをします。

たとえば、レストラン予約フォームで、お子様の年齢を入力してもらいたいとします。「お子様の情報：」という項目に対して、「お子様の年齢の入力内容が正しくありません。」というエラーメッセージは的確ではありません。正確な表現として、項目名を「お子様の年齢：」とし、エラーメッセージを「お子様の年齢をご入力ください。」とするべきです。

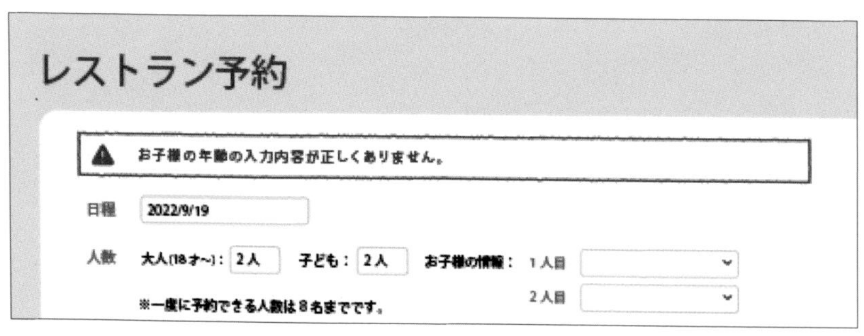

図5-4-1　何をすべきかわかりにくいエラーメッセージと、何を入力するべきか直感的でないフォーム

また、選択肢のプルダウンを、「1人,2人…」「1才,2才…」のような表現にするのではなく、単位をプルダウンのフォームの外に出します。そうすれば、ユーザーはプルダウンをクリックしなくても、どの情報を入力すべきか事前に理解することができます。

注意書きの「※一度に予約できる人数は8名までです」は、多くのユーザーにとって不要な情報です。プルダウンの人数を8名までにするだけで十分でしょう。もし必要であれば、注意書きを「8名以上のご予約については、直接お店でご予約ください。」として、8名以上のお客様の場合の対応方法を記載することで、できないことを伝えるのではなく、解決策を提供することで、ユーザーに好印象を与えることができます。

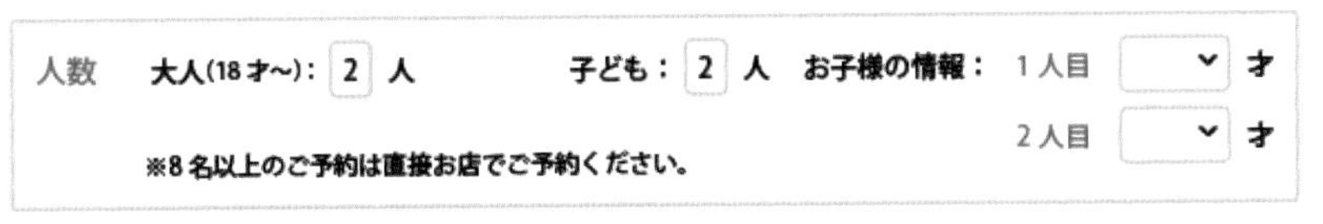

図5-4-2　できないことではなく、解決策を提示する

2.UIに説明テキストは付けない

見ただけでわからないUIはダメなUI

直感的に使えるUIには説明文が必要ありません。特別な操作をする場合を除き、テキストを追加する必要はありません。見ただけでは分かりにくいUIは、下手な模倣やイラストと同じで、名前を言ったりテキストを入れなくてはなりません。

図書館のウェブサイトは、老若男女を問わず利用することができますが、いくつかのUIにテキストで説明されているものがあります。

例えば、書籍の予約をするためにログインしようとすると、「ログイン」の文字はトップページには表示されていません。しかし、「利用状況の確認」というテキストがあり、それをクリックすることでいわゆるログイン画面に移動できます。そのヘッダーには、「ログイン」ボタンがあり、ログイン中であるかどうかがテキストで示されています。

図5-4-3 「利用状況の確認」でなく「ログイン」で良い。どうしても入れたい場合は、括弧やhoverで表示させよう

図5-4-4 「利用情報の確認」からのリンク先ページ。右上に「ログアウトしています」の表示がある（改修前）

「ログアウトしています」「ログインしています」のテキストは、できていないUIの証拠です。「書いていれば良いでしょう」という思考で制作されていると思いますが、**テキストを書かなければ伝わらないUIはダメなUIである**ことを認識しておきましょう。

図5-4-5 「ログアウトしています」のテキストはNG

もしテキストを表示しなければ、ユーザーに伝わらないUIであれば、それは使いにくいUIです。このことを念頭に置いてUIを制作することが大切です。

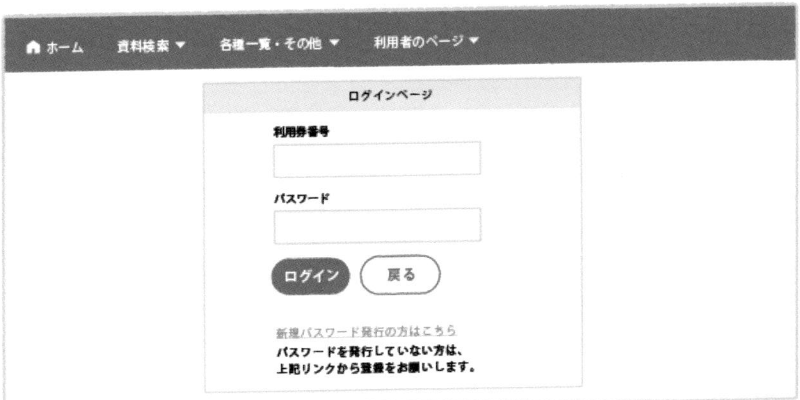

図5-4-6 改修した図書館のサイトデザイン

3.長いテキストで注意喚起しない

何が書いてあるの？長くて読みたくない！

金融系のウェブサイトでは、文章が長く、意味不明な言葉が多用されている傾向が見られます。たとえば、証券会社のサイトでは、銀行口座との連携が完了した後のページに、「ログアウトしてください」という注意書きが同じ内容で複数箇所に表示されています。このような繰り返しは読みにくさを引き起こし、認知負荷を高める原因となります。

必ず実行してほしい操作がある場合は、テキストでユーザーに説明するのではなく、ユーザーが操作を強制的に行うUIや設計を取り入れるべきです。これにより、ユーザーが迷わずに操作を完了できるようになります。

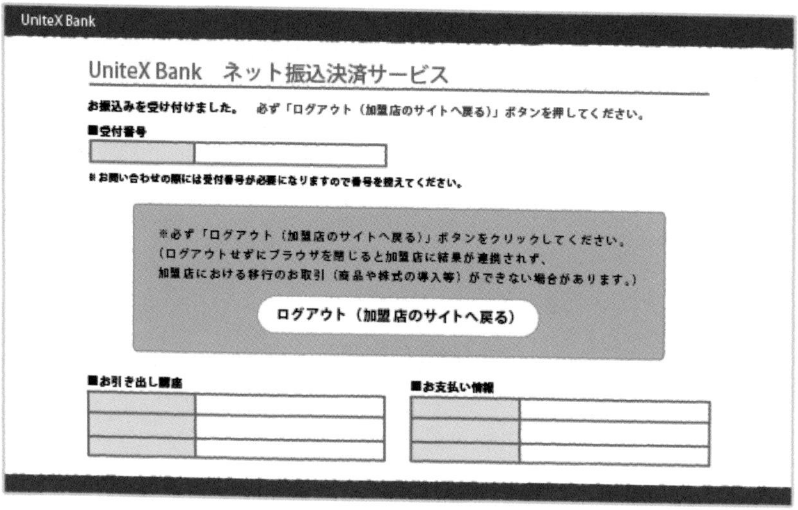

図5-4-7　ログアウトすることを長文で強調している（現況）

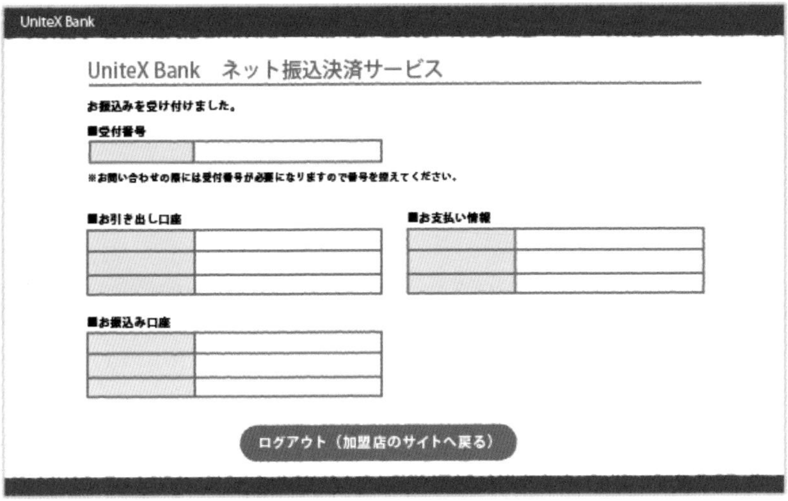

図5-4-8　ボタンでログアウトすることを認識させる改修デザイン

4. 直感でわからないと、迷う！

なんでボタン押しているのにスタートしないの？

図5-4-9のサイトは、不動産の査定を行うためのサイトですが、最初に目を向けるのは「カンタン60秒入力」の部分でしょう。その下にはボタンがあり、それをクリックしようと思うかもしれません。

図5-4-9　実在するサイトを模倣したダミーサイト

ただ、灰色でグレーアウトしている「無料一括査定START」ボタンは、クリックできないことを示しているとデザイナーは想定していますが、実際にユーザビリティテストを行ってみると、多くのユーザーがボタンを押してしまいました。

デザイナーは、［STEP1］～［STEP4］を順番に入力してもらい、それぞれをアクティブ（カラー）にするという設計をしています。しかし、ユーザーは入力可能なフォームだと気づかずにスキップしてしまいます。

この問題の主な原因は、「入力できると思えないフォームのUIデザイン」です。ユーザーは入力できないと思い込んでいるため、入力しないでグレーのスタートボタンを押してしまうのです。

同様のデザインでも、STEP1 ～ 4のUIが入力フォームに見えるようになっているサイトもあります。図5-4-10では、無料査定のスタートボタンはグレーアウトしていませんが、ユーザーを誘導することができています。ただし、できればグレーアウトは採用すると良いでしょう。

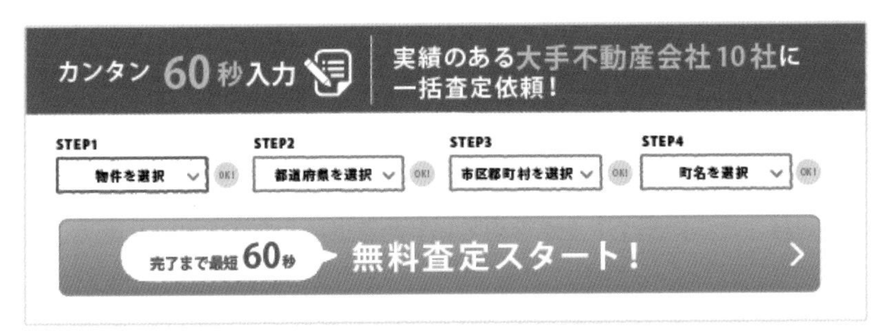

図5-4-10　あらかじめ入力してもらう内容を見せているデザイン

改善方法

図5-4-11　サイトの改修例

対策方法は、まずは「売りたい**物件情報を入力して**60秒査定！」のように、ユーザーに行ってほしい行動を文章に明確にすることです。初めは、こんなことでいいのかと思われるかもしれませんが、UXライティングの効果は大きいです。

その他にも、次の対策方法を行いましょう。まず、ボタンが押せないとわかるように、適切なグレーアウトを行います。被験者の中には、グレーアウトとは思わず、高級感のあるグレーのボタンだと認識している人もいました。

正しいグレーアウトには、文字を透過させたり、コントラストを下げて文字を読みにくくするなど、細かなデザインの差があります。ユーザーは直感的に判断し、操作を行うため、細かい点にもこだわって作りましょう。

他には、入力が完了するまでボタンを非表示にする方法もあります。

1. グレーアウトボタンは**文字も透過**させる
2. 入力完了するまでボタンを表示させない

5.エラーメッセージは的確な場所に表示させる

間違っていないのに、なんでエラーになるの？

エラー表示は、ユーザーの心理に大きな影響を与えるため、わかりにくいエラーメッセージは避けるべきです。エラーメッセージは、ユーザーが理解しやすい言葉を使って、どこが間違っているのかを明確に示すようにしましょう。特に、入力項目が多い場合、どのエラーがどの項目に関連しているのかを探すだけでも大変です。

エラーでない箇所にエラーを表示しない

オンラインで会員登録をしようとした際に、お客様番号の項目で「！下記の内容でご登録が確認できませんでした。」というエラーメッセージが表示されました。

このエラーを解決するために、お客様番号の項目を確認してみましたが、正しい番号が入力されていました。そこで、カスタマーセンターに電話して問い合わせたところ、「『おなまえ』の表記が漢字ではないですか？」という質問をされました。驚くことに、エラーメッセージで示された項目ではなく、別の項目にエラーがあったのです。

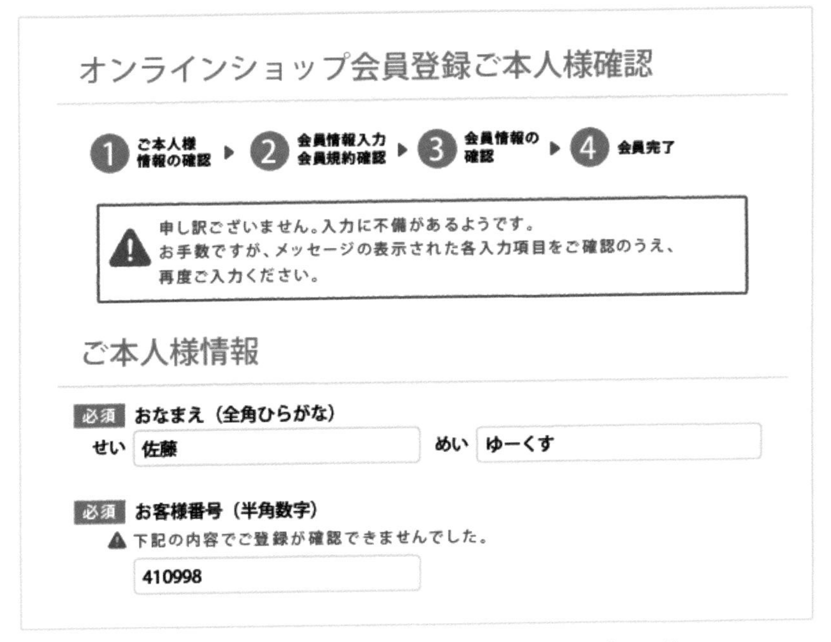

図5-4-12　エラー表示されている箇所が異なり、わかりにくいエラー

改善方法

①エラー箇所にエラーメッセージを表示させる
②ユーザーにわかりやすい言葉で表示させる。

「申し訳ございません。入力に不備があるようです。
お手数ですが、メッセージ表示された各入力項目をご確認の上、再度ご入力ください」
というエラーメッセージは、何のヒントにもなっていません。エラーを表示させるのであれば、ユーザーが次に行動しやすいメッセージを表示させましょう。

6. 一方的なメッセージ・エラー表示はやめる

じゃあ、いつ注文できるの？

エラーや伝えたいメッセージを一方的に記載しているケースがあります。伝えることは大切ですが、ユーザー視点に立ち、ユーザーは次に何をすべきか、何を知りたいのかを考えて設計しましょう。

プロダクトによっては、ユーザーの要望に添えないものもありますが、その場合でも、現在の状況を正確に示すことは欠かせません。

例えば、ECサイトで商品が欠品している場合、「売り切れ」だけでなく、再入荷の予定やその時期を明確に表示することで、システムの利便性が向上します。

いつ注文できるかわからないテイクアウト予約の例

図5-4-13　いつなら注文できるか明記するべき

こちらは寿司屋のテイクアウト予約画面です。アクセスした時間帯に注文が受け付けられない旨が明記されていますが、いつから注文が可能になるかも併せて記載する必要があります。

さらに、テイクアウト可能な時間帯は限られている場合でも、予約は利用者が都合の良い時間帯に行えるようにすることが利便性を高めます。24時間受け付ける設計も検討すべきでしょう。

エラー表示は利用者にとってストレスとなることがありますので、前のページのボタン設計とともに検討する必要があります。

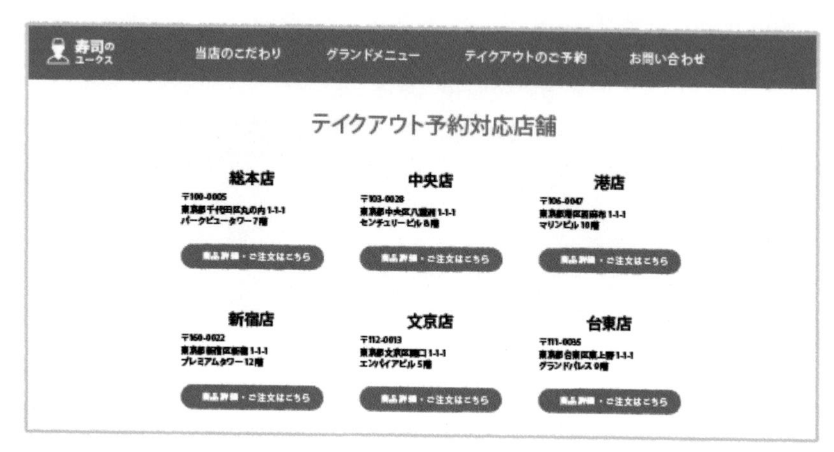

図5-4-14　予約に行く前のページ：何時から注文できるか記載しておくと良い

5-5 アフォーダンス

「**アフォーダンス**」とは、人間と物理的・デジタル的な物体との関係性において、環境から得られる行動の可能性を指す言葉です※。例えば、電車には腰の位置にクッション（腰当て）がありますが、その位置にあることで軽く座ることができることがわかります。一方で、腰の位置になければ、それがクッションであるとは認識できません。私たちは環境や状況から得た情報をもとに、判断を行っています。

アフォーダンスが間違っているデザイン

その位置にあるから押しちゃうの！

某カレーショップのサイトを利用している、月に1度程度テイクアウト注文をするユーザーからの指摘です。トッピングを選ぶ画面において、「カートを見る」ボタンが「カートに入れる」に見えてしまっているため、ユーザー動線から考えると問題があるとのことです。

※参考：https://uxdaystokyo.com/articles/glossary/affordance/

図5-5-1
「カートに入れる」のつもりで
「カートを見る」を押してしまう

ボタンの位置はアフォーダンスを形成する要素の1つであり、適切な場所に配置することが大切です。ユーザーは文章で誘導されますが、直感的に触っていることも多いため、ボタンの文字をいちいち読んでいないことがあります。何度も利用しているユーザーでも、誤って押してしまうことがあるため、問題があると嘆いていました。

カートの中身を確認したい要望もありますが、商品がカートに入っていない場合は、ボタンをグレーアウトして非アクティブなデザインにしましょう。そうすることで、間違えてクリックしている数を減らすことができます。クリック数だけを見てしまうと、誤クリックが要望に見えてしまう可能性もあるため、注意が必要です。

仮に、カートの中身を常に意識したいというユーザーがいる場合でも、右上部に表示するなど、アフォーダンスとして適切な場所に配置することが大切です。

5-6 認知負荷を下げる

ウェブやアプリで利用する言葉の統一がないとユーザーの認知負荷が高まります。

以下は、デザインが統一されていない例を紹介します。

テキストの表現を統一する

直感的に認識しにくい言葉は使わない

老若男女を問わず利用されるスポーツジムの予約システムでは、タイムライン上で「FULL」と表示され、詳細ページに進むと「満席」と表示されています。

年配の方々もこのシステムを使用していることを考慮すると、すべてのページで統一した表示を行う必要があります。つまり、タイムライン上でも詳細ページでも、どちらの場合でも「満席」という表示に統一するべきです。

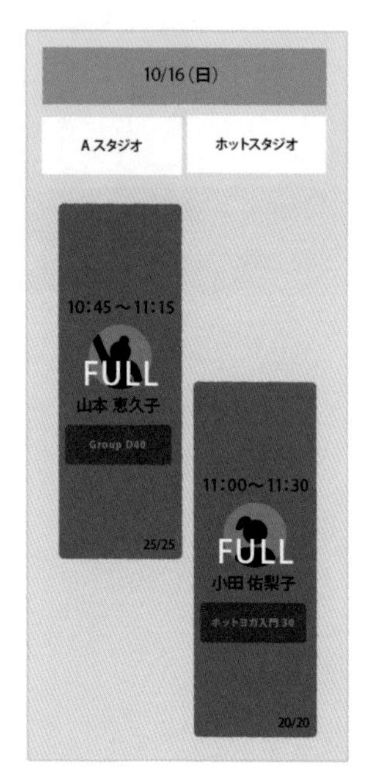

図5-6-1
タイムライン上の表記は「FULL」

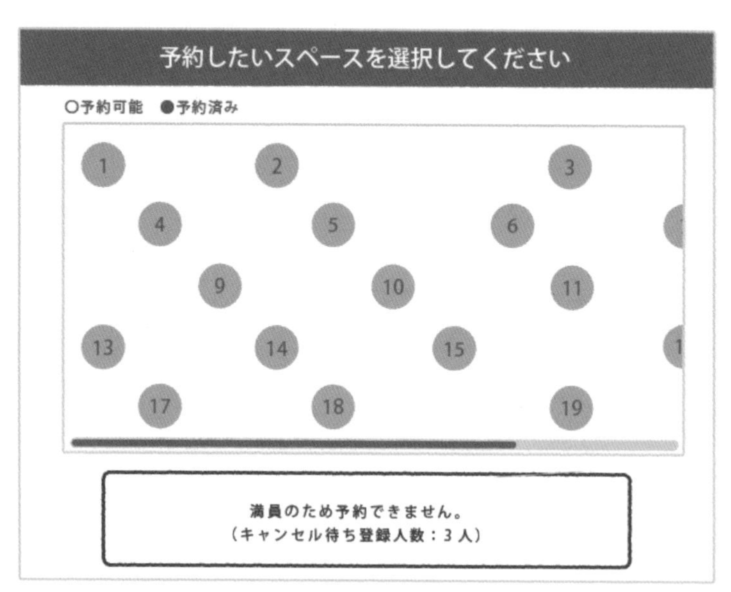

図5-6-2　詳細ページ上の表記は「満員」

hoverするとレイアウトが変わる

カーソルを合わせた際に表示情報を変えるデザインは存在しますが、基本的にはhoverしなければ見えない情報があること自体が好ましくありません。なぜなら、ユーザーは見たい情報が消えないように一定時間特定の場所にカーソルを合わせ、静止しなければならないため、疲れやストレスが蓄積されやすくなるからです。そして、前のレイアウトを思い出す必要も出てくるため、認知負荷が高まります。

その結果、ユーザーは疲れて離脱する原因となり、サイトの利用率を下げる可能性があります。hoverを使用している場合、スマートフォンのようなタッチデバイスではうまく動作しない場合があります。したがって、必要最小限のhoverを使用し、できる限り見える情報を増やすことが重要です。

hover時にコンテンツが現れる良くない例

図5-6-3の商品一覧ページでは、商品名・値段・カラーの数が表示されていますが、問題があります。例えば、「2カラー」というテキストが商品名と同じ色や大きさで表示されているため、直感的ではなく、認識しにくくなっています。また、どんな色のカラーかを確認するために画像にカーソルを合わせる必要があり、ユーザーにとって煩雑な操作となっています。

これを改善するためには、商品名とカラーの数を分けて表示し、明確な区別をつけることが必要です。また、商品画像にはカラーのサムネイルを直接表示するようにし、ユーザーが素早く確認できるようにします。例えば、カラーバリエーションのアイコンを商品名とは別の場所に表示することも検討してみてください。これにより、ユーザーの利便性が向上し、購入意欲が高まることが期待できます。

図5-6-3　デフォルトでは「2カラー」のテキストだけで、hoverしなければ色味がわからない

5-7 システムとUX

機能が充実していても、情報の設計が適切でなければ使い物にならないシステムになる

ニールセン・ノーマングループ（NNG）のブログで、情報やコンテンツが上手に表示されないと、UXは悪いものになるという説明があります。記事の中では、映画館のシステムを例に出していました。

> 例として、映画のレビューを掲載している Web サイトを考えてみましょう。映画を見つけるための UI が完璧であっても、映画のレビューを掲載しているWebサイトを考えてみましょう。映画を見つけるためのUIが完璧であっても、データベースに主要なスタジオの映画しか含まれていない場合、小さなスタジオの映画に関する情報を必要とするユーザーにとっては、UXは貧弱になります。
> 引用（Google翻訳）：https://www.nngroup.com/articles/definition-user-experience/

ユーザーの要望に適した情報を的確に表示されなければUXは良くないと示しています。

次の節からは、どのように、ユーザーの要望に適した情報を表示すればよいかについてみていきましょう。

5-8 情報表示のヒューリスティック

情報設計とUX

情報設計は、単に情報を整理するだけでなく、ユーザーが情報をどのように見たいか、どのように検索するかを考慮して設計する必要があります。

例えば、映画鑑賞の場合、決まった映画を観たい場合と、単に時間をつぶすためにすぐに映画を観たい場合で、ユーザーが知りたい情報は異なります。同じ映画でも、ユーザーの目的によって必要な情報が異なるのです。

決まった映画を観たい場合は、名前を検索して上映時間を確認することが多いでしょう。この場合、観る日時よりも前に検索を行うことが多いです。しかし、すぐに映画を観たい場合は、予定がなくなって急に映画を観たいと思った、というニーズが多いでしょう。

この場合、ユーザーは、何時からどの映画が上映されているか、出演者やストーリーの内容、上映時間や料金、空席の状況などを調べる必要があります。さらに、自分の現在地から近い映画館はどこか、どのくらい時間がかかるかなども調べる必要があります。

ユーザーはできるだけ早く情報を探したいため、情報がわかりやすく、正確に表示されていることが望ましいです。ただし、複数のページをまたいで情報を探す必要がある場合、使いにくいシステムになる可能性があります。そのため、ユーザーが映画を観ることを諦めてしまうかもしれません。つまり、システムと情報設計は、UXにとって非常に重要です。

情報設計は、情報を表示する方法とも言えます。以下では、情報表示に関するヒューリスティック評価について紹介します。

カテゴリーなどの検索項目が一目で分かりづらい

ECサイトで商品を探す際には、カテゴリーから選択するか、あるいは絞り込み検索を利用します。しかしながら、商品が適切にカテゴライズされていなかったり、検索画面の並び順が分かりにくかったりすると、ユーザーは認知負荷が高まって操作が煩わしくなります。

たとえば、「ウォーリーを探せ」を思い浮かべてみてください。多くの対象物から、目的の対象を見つけるのは非常に困難です。さらに、情報が混沌としている場合は、必要な情報を見つけることが大変なことになります。

図5-8-1の画像は、サイズ選択画面の絞り込み検索の例です。左の画像では、Lサイズが複数表示されており、分かりづらい表記になっています。よく見ると、日本サイズ・アメリカサイズ・ヨーロッパサイズのようですが、混沌としているため理解しにくいデザインになっています。

このような場合には、サイズとサイズの間に線を追加する、あるいはサイズとサイズの間に空白を作るだけで見やすくなります。他にも、明示的に「日本サイズ」といったタイトルを使うことで、サイズの違いを明確にすることもできます。並び順やカテゴリー分けが適切にされているだけでも、認識しやすく直感的に操作することができます。

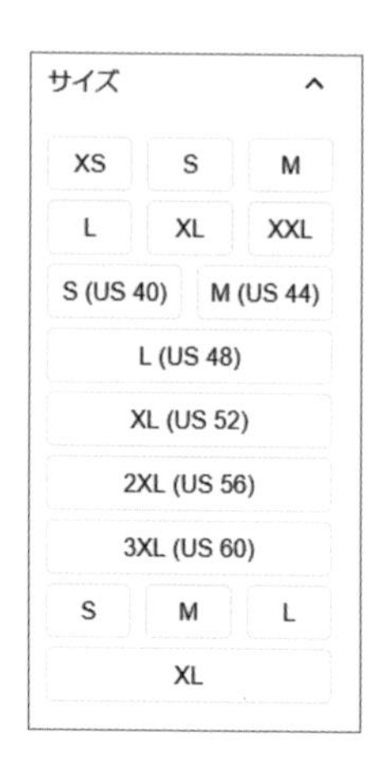

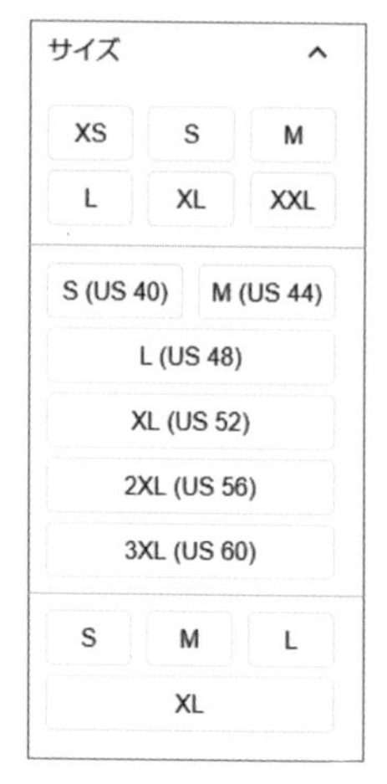

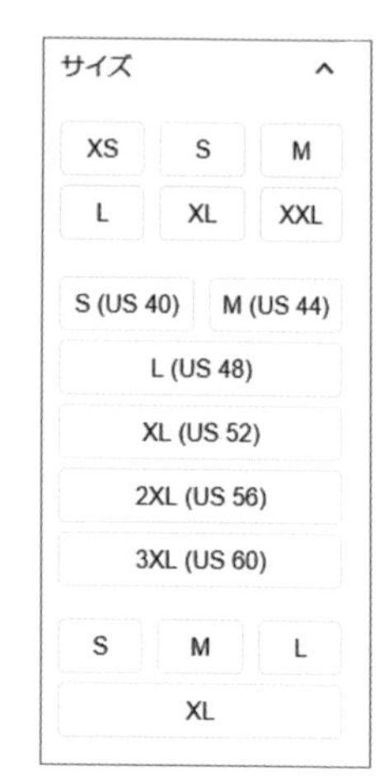

図5-8-1　左はいろいろなサイズ表記が混ざっていて認識しにくい。
線を入れたり、余白を入れるだけで情報がカテゴリー化される

ECサイトの事例

良い例として、Amazonのサイトをご紹介します。

カテゴリーの中に更に商品の種別がカテゴライズされているため、探しやすい構造となっています。ユーザーが商品を探す際に、どのような思考で探すのかを考慮して設計しましょう。

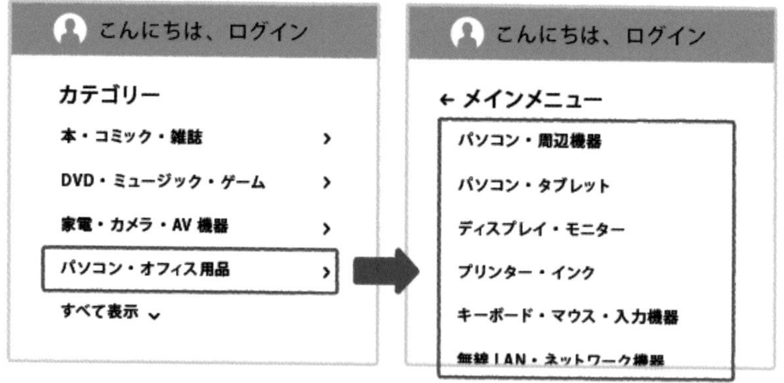

図5-8-2　階層型でカテゴリー分類されている

パンくずリストが消えてしまい元に戻ることができない

Webサイトの階層が深くなる場合、パンくずリストを使うことが一般的です。ECサイトにおいては、女性のトップスを探す場合、「女性カテゴリー（women）> トップス > シャツ/ブラウス > 半袖」のように、カテゴリーが多くなるほど階層が深くなることがあります。パンくずリストがあれば、前に見た長袖のブラウスと比較したい場合など、比較的簡単に目的のページに戻れます。

通常、パンくずリストはページの左上部に表示されますが、商品を探すためにページをスクロールしていると、パンくずリストも上部にスクロールされてしまいます。商品数が多く、ページが長い場合は、最上部まで戻らなければなりません。戻る作業はメンタル的な負担があるため、スクロールした量が多い場合は非常に面倒です。ユーザーがいつでも希望の位置に簡単に戻れるように、ページをスクロールしても固定の位置にパンくずリストを配置しましょう。

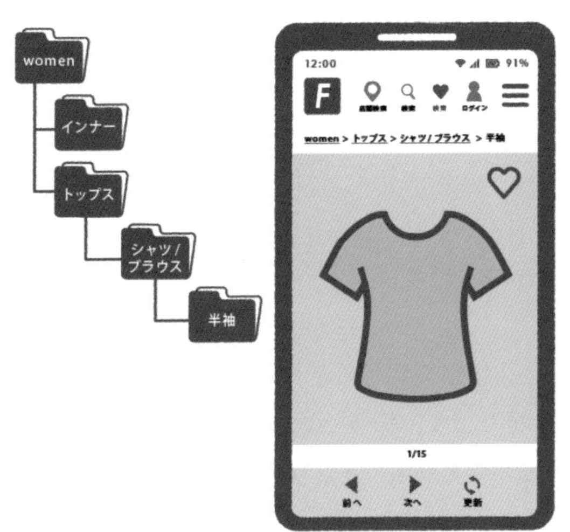

図5-8-3　パンくずリストの例（women → トップス → シャツ/ブラウス → 半袖）

あるスポーツブランドのECサイトでは、商品点数が400点以上ありますが、スクロールと共にパンくずリストが消えてしまいます。

ユーザーが商品を選ぶ際、一度見た商品と比較するために前のページに戻ることがあります。ブックマークなどで比較検討できるサイトもありますが、それだけに頼らず、戻りやすい設計にしておきましょう。本当に商品を購入しようとしているユーザーがどのようにサイトを閲覧するかを考え、パンくずリストの設計も検討しましょう。

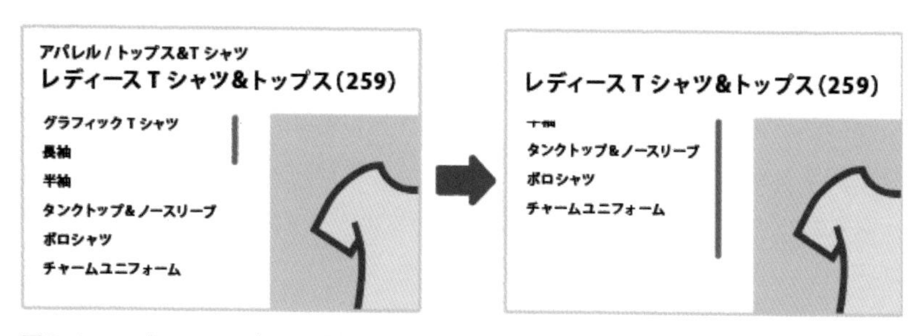

図5-8-4　左：カテゴリー詳細ページでパンくずリストが表示されている
右：スクロールするとパンくずがなくなる

絞り込み検索の条件を表示させる

ユーザーが検索した結果が自分の条件が入っていないような結果であれば、条件が考慮されているのか不安に思います。

この様なことがないように、検索条件で表示された結果であることをユーザーに明示的に表示させましょう。そうでないと、システムが認識しているかわからないため、「ちゃんと検索できなかったのかも？」と思い、同じ操作を繰り返しさせてしまうことになります。

レストラン予約の事例

レストラン予約システムにおいて、ユーザーが必要とするレストラン名が検索結果ページの枠内に表示されていないことがあります。

空きがある場合は、ちゃんとレストラン名が表示されますが、空きがない場合は「空きはございません」とのみ表示されます。

このため、ユーザーは検索条件にレストラン名（図5-8-5では「ホテル名」）が含まれていることに気付かず、「日程・時間帯・人数」のみで検索していると誤解してしまうことがあります。

たとえ、すべてのレストランで検索した結果が表示されている場合であっても、どの条件で検索されたかを明確に表示することで、ユーザーが検索結果を正しく理解できるようにしましょう。

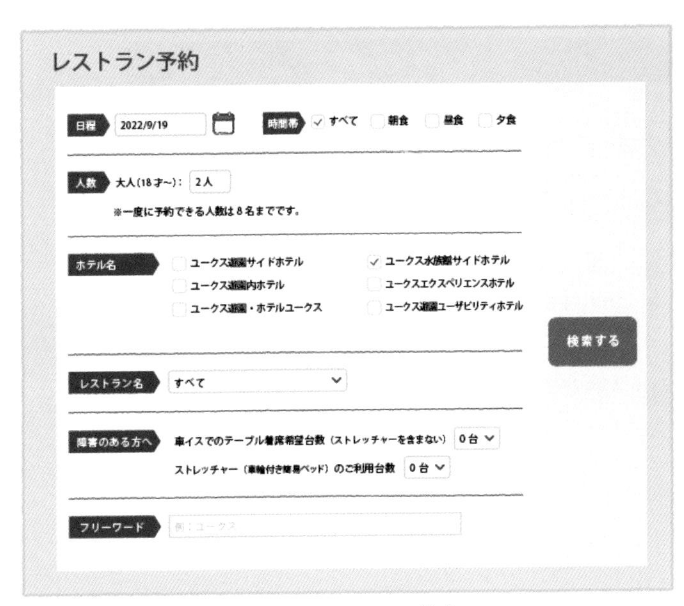

図5-8-5　対象施設にチェックを入れて検索

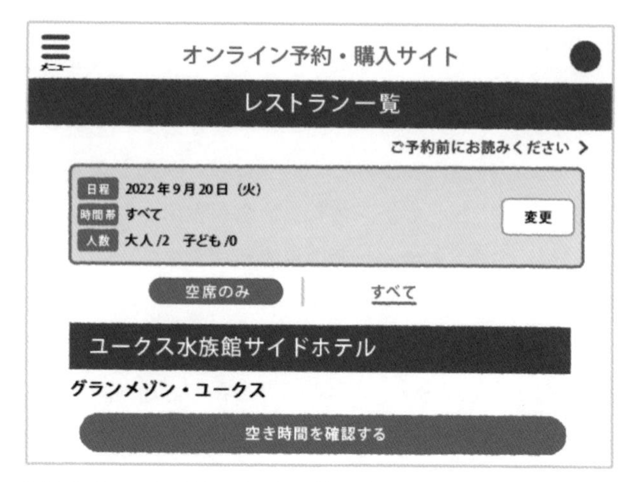

図5-8-6　空きがある場合の検索結果（対象施設名が表示される）

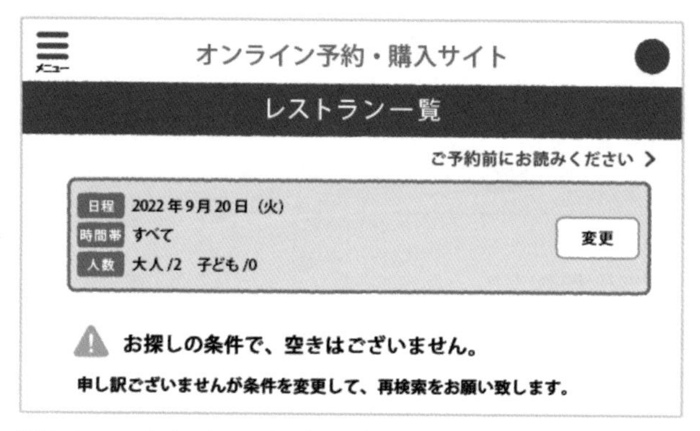

図5-8-7　空きがない場合の検索結果（検索条件にレストラン名を入れたのに、結果に表示されていない）

検索結果の一例

どの条件で検索したのかの結果を必ず表示させましょう。

図5-8-8
検索条件も結果に表示しよう

絞り込み検索の件数を表示させる

商品の絞り込み検索を行った場合、サブカテゴリーにおける商品点数が明確であれば、欲しい商品の有無をすぐに把握することができます。

例えば、「レディース >Tシャツ・トップス」で絞り込んだ後の画面（図5-8-9）において、全体で259件あることは分かりますが、レディースTシャツ・トップスの中で何の商品が何件ヒットしているかが分かりません。

もしチームユニフォームを探している場合、在庫があるかどうかや、どのような種類の商品があるかを確認するために、横に検索でヒットした件数が表示されると分かりやすいです。

以下はサブカテゴリーでのヒット件数を表示していない例と表示した例です。

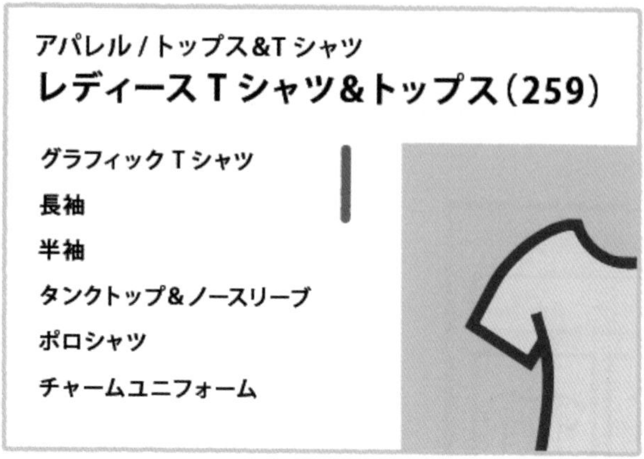

アパレル/トップス&Tシャツ
レディースTシャツ&トップス(259)
グラフィックTシャツ
長袖
半袖
タンクトップ&ノースリーブ
ポロシャツ
チャームユニフォーム

図5-8-9　サブカテゴリーに件数がない

アパレル/トップス&Tシャツ
レディースTシャツ&トップス(259)
グラフィックTシャツ（123）
長袖（60）
半袖（88）
タンクトップ（23）
ポロシャツ（8）
チャームユニフォーム（0）

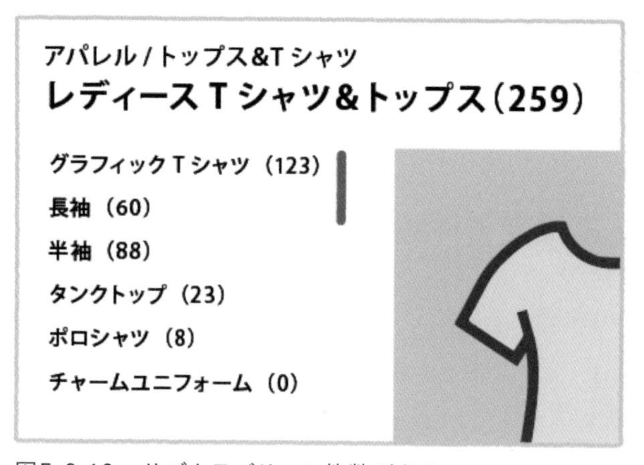

図5-8-10　サブカテゴリーに件数がある

カラー選択でも同様にヒット数を表示させる

アパレル系のサイトにおいて、絞り込み検索画面でカラーで商品を選択する場合があります。パソコンや状況によって色の見え方が異なる場合があるためカラー名が表示されていることがありますが、この場合も、カラーも他の条件と同様に在庫表示がされるべきです。同じ検索のUIに対して、異なる情報を表示してしまうことは、メンタルモデル的にも好ましくありません。

カラー名をテキストで表示しなければならない場合は、hoverで表示されるツールチップや、tile・alt属性を利用して表示させましょう。もし、どちらも表示させる必要がある場合は、多くのユーザーが欲しい情報や利便性、優先度の高い方を表示させるようにしましょう。

以下はカラー（色）で絞り込んだ結果にも点数を表示させた例です。

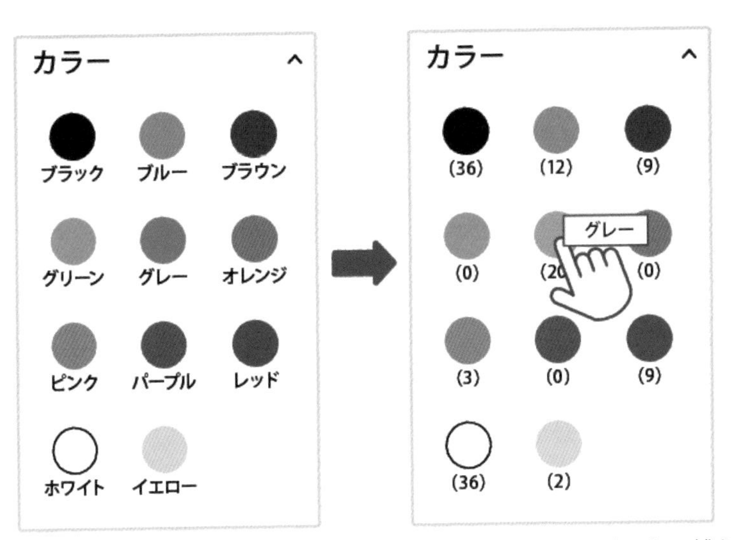

図5-8-11　色の名前を掲載しなければならない場合はhoverやtitleで補う

5-9 ヒューマンエラーも考慮したUX

人はミスをしてしまうものですが、よくあるミスも考慮して設計することで、使い勝手が良くなり、ユーザーは満足できます。著名なIT企業では、「ポステルの法則」※という原則に基づいて、ユーザーの入力に寛容な設計をしています。

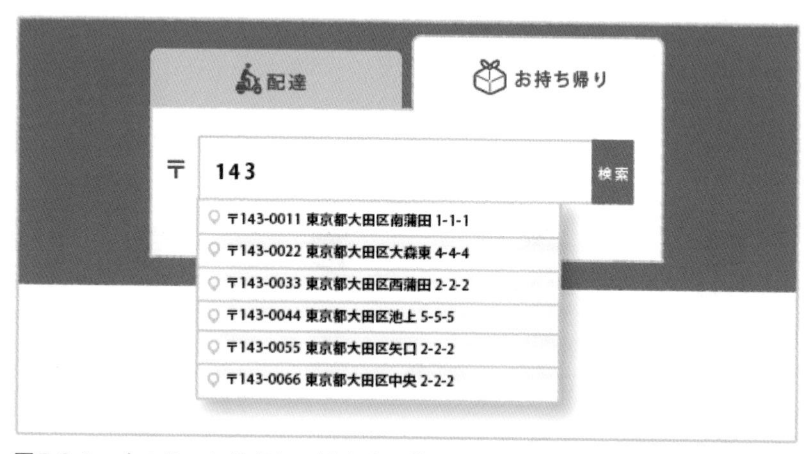

図5-9-1　人のミスも吸収して対応する「ポステルの法則」を踏まえて、全角・半角でもサジェストされる

※参考：https://uxdaystokyo.com/articles/glossary/whats_postel_low/

例えば、住所を入力する際に、数字の番地に半角しか使えないという制限がある場合、ユーザーは気が付かずにエラーになることがあります。そこで、全角文字でも登録できるようにすると、ユーザーの利便性が向上します。

また、電話番号を入力する際にハイフンが必要な場合、タブをクリックする手間がかかります。スマートフォンで入力する場合は、全角文字やハイフンの入力のためにキーボードを切り替えなければならず、面倒なことがあります。このように、ユーザーのあらゆる状況を想定し、ユーザーに対して柔軟な設計を行うことが重要です。

Reference

参考文献・参考サイト

・**『Don't Make Me Think! A Common Sense Approach to Web Usability』(First Edition)**
Steve Krug著、New Riders Publishing、2000
(『ウェブユーザビリティの法則―ストレスを感じさせないナビゲーション作法とは』、中野 恵美子 訳、ソフトバンククリエイティブ刊、2001)

・**『Don't Make Me Think: A Common Sense Approach to Web Usability』(2nd Edition)**
Steve Krug著、New Riders Publishing、2005
(『ウェブユーザビリティの法則 改訂第2版』、中野 恵美子 訳、ソフトバンククリエイティブ刊、2007)

・**『Don't Make Me Think, Revisited: A Common Sense Approach to Web Usability』(3rd Edition)**
(『超明快 Webユーザビリティ ―ユーザーに超明快 Webユーザビリティ ―ユーザーに「考えさせない」デザインの法則』、福田篤人 訳、ビー・エヌ・エヌ新社、2016)

・**『Rocket Surgery Made Easy: The Do-It-Yourself Guide to Finding and Fixing Usability Problems』**
Steve Krug著、New Riders Publishing、2009

・**『Usability Engineering』**
Jakob Nielsen著、Morgan Kaufmann、1993
(『ユーザビリティエンジニアリング原論: ユーザーのためのインタフェースデザイン』
篠原 稔和、三好 かおる 訳、東京電機大学出版局 刊、2002年

・**『Escaping the Build Trap: How Effective Product Management Creates Real Value』**
Melissa Perri著、O'Reilly Media、2018
(『プロダクトマネジメント―ビルドトラップを避け顧客に価値を届ける』吉羽 龍太郎 訳、オライリージャパン、2020)

・**Nielsen Norman Group(NN/g)**
https://www.nngroup.com/

・**UX DAYS TOKYO**
https://uxdaystokyo.com/
https://www.youtube.com/@uxdaystokyo8413

・**Center Centre**
https://articles.uie.com/

あとがき

ユーザビリティテストを学ぶとテストの実施のクオリティをあげようとしてしまいがちです。例えば、ユーザビリティテストの中のユーザーインタビューにフォーカスしすぎたり、シナリオを綿密に作り過ぎたり、限定的なファネルでテストしてしまうケースです。

これらの間違いは、この書籍を読むことで回避できますが、万が一、プロダクト内で正しいユーザビリテストができていない場合には、ぜひともご自身の言葉で説明して実のあるユーザビリティテストの実施をしていただきたいです。

もともとユーザビリテストのフェーズがないところに実施の工程を追加するには、組織単位での理解が必要になりますが、組織や相手を巻き込むには、知識や情報だけでなく自分で実践して身についたスキルが必要になります。また、実践を繰り返すことで、現場の状況に合わせて判断がつくようになります。実務と経験を積むためにも、できるだけ早く現場でのユーザビリティテストの実践を行うことをおすすめします。

仕事はただ作業をこなすだけではありません。関わっている案件やプロダクトが成功するように開発・デザインすることです。ユーザビリティテストが仕事の中にない、受託していない、工数がないという理由で実践できないということではなく、自分でできることから始めましょう。例えば、友達に30分時間をもらってウェブサイトのデザインをテストすることから始めることもできます。

仕組みがないからと諦めず、小さくてもすぐできることを見つけて、仲間を見つけてテスト文化を組織に取り入れてもらえたらうれしいです。

この書籍は基本的な内容から実践内容を記載していますが、テストも複雑になればなるほど悩むことも多くなります。そんな時は、ユーザビリティテストの世界的バイブル本、『Don't Make Me Think』に書かれていた「わかるかテスト」「できるかテスト」の基本を振り返ってください。みなさまの手でユーザーにとって使いやすいデザインや設計をしていきましょう。

最後に、この書籍を発行を快諾をしてくださった、株式会社マイナビ出版 取締役の角竹輝紀様、今回編集をご担当いただき迅速に動いていただいた伊佐知子様、とってもわかりやすい可愛いイラストを担当していただいた森七夕美さん、みなさまのお力で出版できることになりました。ありがとうございました。

大本あかね

Index

STAFF
執筆：大本 あかね
監修：菊池 聡、UX DAYS TOKYO
カバー・本文イラスト：森 七夕美
ブックデザイン：霜崎 綾子
DTP：富 宗治
編集：角竹 輝紀、伊佐 知子、藤島 璃奈

デジタルプロダクト開発のための
ユーザビリティテスト実践ガイドブック

2023年7月27日　初版第1刷発行

著者　大本 あかね
監修者　菊池 聡、UX DAYS TOKYO
発行者　角竹 輝紀
発行所　株式会社マイナビ出版
〒101-0003　東京都千代田区一ツ橋2-6-3 一ツ橋ビル 2F
TEL：0480-38-6872（注文専用ダイヤル）
TEL：03-3556-2731（販売）
TEL：03-3556-2736（編集）
編集問い合わせ先：pc-books@mynavi.jp
URL：https://book.mynavi.jp

印刷・製本　株式会社ルナテック

ISBN978-4-8399-8356-7